AWAKENING
YOUR INNER
GENIUS

唤醒沉睡的大脑

破解天才成功的密码

【美】肖恩·帕特里克（Sean Patrick）/ 著
李欢欢 / 译

人 民 邮 电 出 版 社
北 京

内容提要

本书从好奇心、勇气、想象力、专注力、内驱力、知识层次、人的个性、判断力、沟通力等多个方面阐述成功的要素，以众多名人传记和历史故事为主线，破解天才密码，帮助读者认识自我，把握人生，激励读者努力奋进。本书素材丰富，格调高雅，文笔精练，色彩鲜明，可读性强，有亲和力和借鉴作用，适合大众阅读。

目录

1

天才的奥秘

“成千上万的天才来世上走了一遭最后却被湮没在茫茫人海中，或者因为别人，或者是他们自己造成的。”

——马克·吐温

如果我能够用一句话将你的智商 IQ 提高 30，你会愿意读一读这句话吗？可能吧。但为什么呢？你的内心是什么驱使你想要提高智商？是认为高智商可以帮你赚更多的钱？可以为你赢得名声？还是高智商能够帮你找到真爱，幸福和成就感？

我问过很多人类似的问题，回答是一样的。

“高智商可以实现上述目标，这是当然。”对于这个问题，不同的文化间的关联性毋庸置疑：我们在不断地被灌输这样的概念，即智商越高的人越容易取得成功。因此，我们总是想当然地认为那些获得诺贝尔奖的科学家们，那些从一贫如洗到百万身价的商人，那些创作出畅销作品的作家们，必定是智商超群的人类，这种想当然的推理单单来自于他们的成功。

那么，众多针对智商与成功之间有何科学关联的研究又有怎样的发现呢？结果与人们的认知大相径庭。

智商和成功在一定程度上的确有关联。当然，IQ 150 的人（通常被认为是“天才”）相比 IQ 80 的人（通常被认为患有“智力缺陷”）在生活表现上更为优秀。类似地，IQ 130 的人（接近天才）比 IQ 100 的人（普通人）也明显拥有更优越的生活。

然而，有这样一种理论：智商和成功之间的关联度呈递减法则。也就是说，当你将两个智商相对高的人作对比，就不能够再单纯凭借智商这一元素来预测他们中的哪个更为成功。一个 IQ 130 的科学家在其专业上的成就可能和 IQ 180 的科学家相似。

英国心理学家莱姆·哈德森博士成立了剑桥大学智力开发研究组，他将智商与打篮球作类比。

如果你身高 5 呎 5（约 165 厘米），那么就连成为 NBA 替补成员的愿望也是镜花水月。事实上，如果你的身高不满 6 英尺（约 183 厘米），那么在球场上与“小皇帝”詹姆斯抗衡的梦想，劝你还是忘了为好。数据显示，你的身高必须达到 72 英寸（6 英尺），才能被允许成为篮球运动员，你身高每多 1 英寸，你就多一份优势。然而，到达了一定的高度之后，身高也就不再重要了。因为 7 英尺

（约 213 厘米）高的运动员并不意味着他能够比 6 呎 6（约 198 厘米）高的运动员（迈克尔·乔丹的身高）打得更好。重点在于你只需要长到有利于进球的身高即可。

同样的，智力对于成功的人生也是相同的模式。你只要拥有足够让你取得成功所需的聪明度即可。历史上的成功人士——那些曾经做过改变世界之举的智者——在人们眼中，就好像是在地球上行走过的惊世之才，但其实他们中的有些人的确拥有傲人的智商，而有些也仅仅只是聪明够用而已。

如果我们不能够仅凭智商来解释他们的成功，那么这些成功人士身上到底还拥有什么能使其达到如此高度的品质特性呢？

很多人都会引用“非同寻常的内在天赋”这句套路来回答。然而，他们可能错了。

比如天授歌者——得摩科多斯。

上帝赐予这个男人唱歌的天赋。

他是《奥德赛》众多天授奇才中的一个。《奥德赛》的发表确实让我们了解到很多，比如我们解读了人类的 DNA 并探索到人类之于宇宙中的地位，但是我们仍然惊叹于天才们的能力，就如惊叹那些古老的希腊人物一样。

无论是聆听贝多芬的索纳塔，还是观看迈克尔·乔丹比赛的精彩画面，抑或是学习牛顿的各种定律，我们总是把人类超群的技能视做某种未知力量和某种未知理由带来的天赋。这样的解释是最为简便的说辞，但是正确与否呢？

过去两个世纪以来，行为科学家通过集中研究各领域的人才来探究这个问题，研究对象包括商业领袖、棋手、游泳运动员、外科医生、飞行员、小提琴演奏家、销售人员、作家，等等。在数百人的研究之后，科学家们得出对于“才能”的定义，并非“众人皆知”的模样。

研究结果否定了人类的才能来源于与生俱来的“天赋”。尽管有些人早期在特定活动上显示出内在的天赋，但神奇的是，几乎每个智商平平的人都在各种努力过后成为了“冠军”。很多杰出的人虽然原本拥有平均的，甚至是平均值以下的智力和技能，但后来他们超越了这种定位，逐步在某些领域发挥出杰出的才能，比如象棋、音乐、商业和医学等领域。

在历史上，上述这种成功的转型事例不胜枚举。亨利·福特多次创业失败，在成立福特汽车公司之前，有 5 次几近破产。托马斯·爱迪生儿时，他的老师总是对他说“你愚蠢至极，什么都学不好”。贝多芬在练习小提琴时笨手笨脚，以至于老师一直坚信作曲对贝多芬而言是天方夜谭。

世界体坛也总是有类似的事例。很多后来被看做是“超人”的运动员，其实在体育生涯的初期并没有表现出比同辈更大的内在优势。迈克尔·乔丹在大二时没有进入篮球队，因为他太过矮小，实力平平。斯坦·史密斯——世界一流网球选手、温布尔登网球锦标赛冠军、美国网球公开赛冠军、八次戴维斯杯网球锦标赛冠军，也曾因为大赛主办方认为其行事笨拙、肢体不协调，而被拒绝做球童。

对于这些反常理的事件，我们又作何解释呢？

尽管各种理论层出不穷，但其中有一个所有成功人士共有的、研究者们达成共识的因素——成功者们都经受了严厉而漫长的训练，以及训练所带来的伤痛。

泰德·威廉斯，美国棒球界的传奇人物，他被认为是那个时代最具天赋的击球手，天生具有超越常人的能力，包括如鹰般的视野、超群的眼手合一协调力以及不可思议的击球能力。威廉斯后来称这些描述都是“胡说八道”，而对于自己的过人能力，他有更好的解释。

威廉斯 7 岁时决定将他的一生投入到一项简单的任务中：尽可能完美地将棒球击出。从那时起，他便开始踏上了走向成功的道路。幼小的威廉斯将所有的空余时间都花在了圣地亚哥北部公园里进行击球练习，日复一日，年复一年。他儿时的伙伴回忆起来说，经常看到他在场地上，用外壳已经破碎的球、龟裂的球棒，以及一双长满水泡、不断流血的双手进行练习。他会省下自己的餐费雇几个小孩陪他进行抛接练习，从而让自己每天尽可能多地增加击球次数。晚上，公园场地的灯光被关闭后，他就回到家里，将报纸卷成球棒状，在镜子面前模拟练习，直到上床睡觉。

威廉斯的整个棒球职业生涯一直都持续着这种沉溺于练习的状态，他的成功也就不足为奇了。对“小鬼头”（泰德·威廉斯的昵称）来说，成功是漫长的、饱经磨砺的过程，远远不是一种天赋那么简单（他认为天赋理论是一种侮辱性的说法）。

基于像威廉斯这种能人的各种研究，瑞典心理学家安德斯·艾瑞克森总结出了名为“10 000 小时”的规律。这条规律的前提是，不管某个人是否对某项才能拥有内在天赋，经过大约 10 000 小时专注的、有目的性的训练，这个人就能掌握这项才能。通过对教育、艺术、体育各界天才的广泛调查证实了这一观点。从莫扎特到鲍比·费舍尔，从比尔·盖茨到披头士乐队，这些能人从一无所有到声名大噪的过程中都拥有一个共同特性：长年累月始终如一的、无数个 10 000 小时的技能练习。

如果把这 10 000 小时细化，你需要每天花 4 小时进行某项练习，一周 7 天，一天不落，那么就等于需要花 7 年的时间来达到 10 000 小时的练习。这种对某项活动的全身心投入，来源于对它的真挚热爱和热情。

所以，上述的一切告诉了我们，首先，每个人心中都拥有成功的种子。这颗种子是否能够发芽成长，取决于我们自己的选择。其次，没有人是天生的强者，或是天生的弱者，只有能够激发自我潜力和无法激发自我潜力这两类人。那些常常被人称作是“天才”的人，其实大部分情况下，是唯坚定不移地朝着一个目标不断努力的人。

因此，“朝 10 000 小时的工作目标努力”的建议听起来完全合理，对吗？但这里还有一个问题，世界上有无数的人超乎想象地努力工作，但也很少有成功的例子，难道对于成功来说，这 10 000 小时的“药方”还是太过简单？

确实如此。获得成功还有一个方面不能忽略——机遇，也就是常说的“狗屎运”。

正如马尔科姆·格拉德威尔在《异类：不一样的成功启示录》一书中所说，很多时候，好的机遇和一个人内在的天赋、持之以恒练习的决心同样重要。比如，你的梦想是成为一名职业运动员，那么有一个障碍是你无论如何努力都无法逾越的：你的生日。生日怎么会成为一个障碍呢？

很简单。很多运动都有年龄区分段——也就是说，这个区分段决定了你是否能在明年继续作为运动员，或是否能够成为高级运动员，也决定了你是否必须快快成长，在下一年作为新手运动员。

在加拿大少年曲棍球队里，年龄段区分日期原来是 1 月 1 日（现在是 12 月 31 日）。你的生日越靠近 1 月 2 日就越有利，为什么？假设你现在属于曲棍球雏量级，也就是 13~14 岁，如果你的生日是在 12 月，那你需要在该等级练习满两年，你的年龄就到 15 岁，便可以升级至下一个等级，袖珍级（15~16 岁儿童）。然而，如果你的生日是 1 月 2 日，你在雏量级就需要再花一整年的训练时间（其他等级也是如此），因为每年 1 月 1 日进行年龄审查，而那时你还是 14 岁。

多一年的时间与比你年龄小的孩子练习，对你而言是一项巨大的优势。因为你的身体变得更为高大、强壮，每天逐渐变得更为敏捷，比起那些具有“生日劣势”的同伴来说，你将更有机会脱颖而出。这段时间内，你将更有机会被选入精英队伍，这也就意味着你有更多的冰上练习时间，受更好的教导，也能更好地提升你今后的能力。

社会学家们称这种现象为一种“累计优势”。比如在加拿大青少年曲棍球精英联盟里，生日优势产生了这样的结果：多年以来该联盟中表现杰出的青少年绝大部分都是“第一季度”宝宝——生日在 1 月至 3 月的孩子。

不管我们是在探讨体育界生日的重要性，还是比尔 · 盖茨恰巧进入了一个拥有当时最先进电脑的高中——当时那种电脑连大学都还未配备，我们都可以从中看到，在正确的时间，出现在正确的地方（从身体方面、教育方面、社交方面或其他方面），对我们命运产生了比任何事物都要深远的影响。但这并不意味着我们的命运已经刻画在宇宙的行星中，无法改变，我们仍然能够通过数万小时的学习、训练和工作来掌控自己的努力。而且，掌握机遇也同样是可控的。当然，我们可能并非为橄榄球联盟、肯塔基州大赛马而生，但我们的每天、经过的每个地方，都充满了机遇。无数的问题需要解决，无数的需求和愿望需要实现，无数的创意方法需要用来帮助别人。

但是有一点很重要，那就是大部分的机遇不会敲锣打鼓，伴着五彩礼花而来，我们很容易就错失、误认，浪费良机。当然，机遇也可能是危险的。它们从不会保证 110% 的正面回馈。通常而言，它们只是提供一个改善某些人正在从事之事的机会。

机遇降临悄无声。

如果我们无法听到机遇降临时轻柔的节奏——如果我们只是忙于等待他人对你的启示和灵感报以雷鸣般的掌声，或者如果我们即便能够听到机遇的声音，但无法将机遇孕育成为真正的优势，那我们倒不如对机遇置若罔闻。

这就告诉了我们，成功的内核和秘密。但是仅仅知道伟人是通过努力工作和抓住机遇来取得成功，也是远远不够的。为什么有些人就能够认同、欣赏并积极用热情和决心追求良机，而有些人就不会？为什么有些人愿意让自己乘风破浪取得成功，而有些人却早早地轻易放弃？对于这些问题，是否又有切合实际的答案呢，或者，这些问题是人类心理学还未解决的谜团？

我相信，什么成就了一个天才，这个问题有非常实际的答案。我相信，的确存在一些原则能够让我们用来提升生活。我也相信，天才之路我们人人都可以踏上，并在其中汲取收益、幸福、成就和成功，当然这些并不产生于所谓的优秀基因或是神话般的天赋。最终，这才是通往成功的道路。

你还不确定完全理解了以上的内容吗？其实，在知道阿尔弗雷德·白瑞尔斯博士之前，我也并不完全理解。

心理学家阿尔弗雷德·白瑞尔斯博士针对20世纪70年代的天才进行了研究。他的研究是为了回答上面我提到的问题：为什么有些人能够获得成功而有些人不能？为了寻求答案，他决定分析多位历史伟人，是否有一些相同的环境、时间、行为、态度或者观点帮助他们取得成功？这些历史伟人的纪事是否能够为他们的成功解密？白瑞尔斯试着找出答案。

他首先将一系列历史天才所不可控的因素记录下来并分类，这其中包括宗族、人权、地理、基因、教育、家族、成长史和一些意外事件。根据这条线索，他积累的数据越多，分析得越多，这项研究看上去就越像一条死胡同。这些伟大的思想家、成就者的背景显然是五花八门，多种多样的。即使在这些数据中真的能够发现规律，那至少白瑞尔斯没有做到。

白瑞尔斯并没有因此受阻，他继续着自己的研究。最终，伟人之间另一类的共同特性出现了，这个特性出现在所有伟人身上。他发现所有研究对象在他们各自的生活中都显示出一种非常特别的、独一无二的复杂性格，而且是非常显著的性格特征。

这种“伟大源于个性”的观点让白瑞尔斯着迷。也就是说，天才不仅仅是高智力、具有内在天赋、勤奋的工作态度或者过人的运气，还需要一个复杂的因素：特定世界观和行为习惯的结合。透过这个想法，反观他收集的数据，更多的事物变得有意义起来。

白瑞尔斯想知道，如果任何人都能够通过学习并掌握与伟人们相同的观点和规律的行为习惯，从天才的层面去思考、工作，那会变成怎样？研究的最后，白瑞尔斯将他的“天才代码”拼凑到一起——一个深层的想法解释了成功的奥秘。他还总结到他可以运用这套天才代码解释历史上最为聪慧、勇敢的伟人的发展路程，从而学会在天才的层面上思考和工作。毫无疑问，这真是一个诱人的概念，但那可信吗？

你现在正在阅读的这本书就能够帮助你寻求答案。在每一个章节中，我们会运用白瑞尔斯的天才代码具体分析一位人物。我们会看到白瑞尔斯提及的这些特性是如何定义历史上伟大的天才的，以及我们如何能够将这些特性从自我身上发展起来。我对于这本书的声明是：尽管在这个课题上，白瑞尔斯的研究并不是重点，但他的发现确实以一种独特的、通顺的、实用的方式，将天才解码。看完本书后，你可能会赞同我的观点。

这就将我们带入了一个更大的话题中——一个更深层次的、个性化的问题：为什么人人都想要激发天才的能力并追求成功呢？

我们都会面对生活中最基本的选择。我们是跟随“现在你应该这么做”的社会准则来生活，还是朝着我们认为自己应该去做的方式来生活？我是按照美国劳工部发布的高薪排行榜来寻找工作，还是跟随自己内心的想法来求职？我们是言听计从的顺从者，还是接受召唤的冒险者？每天，我们都在见证身边的人是如何用行为来回答这些问题的，不管是有意识的还是潜意识的行为。我们越发频繁地面对日益衰败的文化标识——懒惰的、冷漠的、不道德的、自私的、不负责任的、不相关的。

“我这么做是为了什么？”很多人想知道为什么在追求所谓值得的目标时，他们仍然感到空虚。“生活的目的究竟是什么？”人类为此问题烦恼了数千年，发现我们在宇宙交响乐中是多么渺小。

就如杰出的神学家约瑟夫·坎贝尔所说，“在人们的内心最深处，我们并没有在寻找生命的意义，而是活着的意义”。那么这就是这本书最终所需要挖掘的。

这本书可以告诉我们怎样才能够挖掘自身力量，通过大部分人能够达成的方式，把对我们生命和对他人生命具有真正意义的事物带给我们。这本书将告诉我们如何能够把生命提升到梭罗所说“平静的绝望”的层面，聆听到内心的歌声，感受活着的喜悦。这本书将教会我们勇敢去冒险。

我们总是依赖天才去娱乐我们，教育我们，带领我们，展示我们人类所拥有的能力。我们总是依赖天才为我们创造智能手机、电动汽车、治病的良药、社交网站、华彩的艺术、一流的食物，从而构造出我们的文化。

如果你曾经抱有理想，要为人类发展尽一臂之力，或者如果你曾经有过赤诚之心，要改变人类世界的一部分，那么，一场人生探险正在等着你。

敢不敢接受冒险？

本书就是给你的邀请函。

2

好奇心·史上最伟大的天才

“最重要的是，不要停止质疑。好奇心有其存在的理由。
面对永恒的时间，面对生命，面对奇妙的现实构成，
一个人无法停止一颗惊叹之心。”

——阿尔伯特·爱因斯坦

无聊的爱丽丝坐在河畔，观察着周围的小雏菊。一只白兔子因为怕迟到而急急忙忙地走着，然后它从口袋里掏出一只怀表。爱丽丝被这幅景象吸引了。一只穿着西装背心，带着怀表的兔子？她便开始追着兔子奔跑。

费立波·布鲁内莱斯基受极具威望的美第奇家族之托，开始一项之前被认为不可能完成的半途而费的建筑项目。他的挑战是：完成世界上最大的穹顶，也就是完成佛罗伦萨最宏大的教堂——文艺

复兴的心脏。所有人都毫无头绪，但布鲁内莱斯基将自己沉浸在古代典籍的教学中，并创造出了世人从未看到过的创意方案。

“真相就在那里，尼奥。”崔尼蒂贴着他的耳朵轻声说道。“它在找你，也会找到你，如果你也想要找到它。”

冒险这种事，实在是很诡异。

有时候它们一闪而过，只留给你一瞬间的机会，要么就一跃而入，要么就永远失去，就像爱丽丝经历的那样。有时候它们就躲在常人的视野中，静静地等待某一个人来尝试，就如布鲁内莱斯基那样。有时候你费劲心力才能抓住它们，让你认可自己的价值，就像尼奥发现的那样。

可能，“冒险”最为有趣的地方在于，它反映出了宇宙本身的特性——冷漠。

“冒险”不在意什么永恒，什么传统，不在意什么才是公平的，不会对你的努力、性别、年龄、风俗习惯做出评价，不会强求得到别人的注意和帮助。而且，从不做出承诺。

冒险一定要受到执意地发掘和追逐。一个人必须找到冒险背后的线索——冒险的邀请函——藏在被世人认为是世俗的、成定局的、无望的世界背后。那么这个人就是个奇才，拥有强大好奇心的人。

好奇心是一个镜头，通过它你可以看到在你身边的所有事。没有它，就不会有冒险可言。有了它，你的生命可能出现无数次的冒险。

公元前一世纪，在罗马帝国时代，建筑师马科斯 · 维特鲁威出版了一本重要的书籍，它是现代人理解罗马建筑方法、规划和设计最重要的来源之一。它几乎涵盖了罗马建筑的方方面面，从城镇的规划，到建筑材料，再到庙宇的构造、民用建筑、路面、渡槽，等等。

维特鲁威的出版物也描述了他对于理想的人体比例的想法，并认为庄严的庙宇应当遵从这种比例。事实上，他认为人体隐藏着宇宙本身的几何形状，人体就是在物质世界中的一个宇宙缩影。

似乎听起来有些牵强附会？大部分普通人可能会有这样的感受，然而对于莱昂纳多 · 达 · 芬奇来说，未必如此。

1 500 多年前，大约是 1478 年，达 · 芬奇根据维特鲁威的观察画出了人体结构，并将其命名为“维特鲁威人”。他和维特鲁威一样痴迷于人体解剖，用他自己的话来说，他坚信“人类是世界的模型”。

这个观点听起来高深莫测，对此的解读就藏在我们熟知的“黄金分割比例”中。2 000 年来，有威望的数学家和科学家不断地对黄金分割比例在自然、数学、建筑和艺术领域的普遍性进行研究、思考和争论。那么，什么是黄金分割比例？欧几里得首先在其公元前 300 年发表的《几何原本》中做出定义。概念很简单：如果两数之和与较大数的比等于较大数和较小数的比，那么这两个数就是黄金比例。将公式呈现出来，就如下图所示：

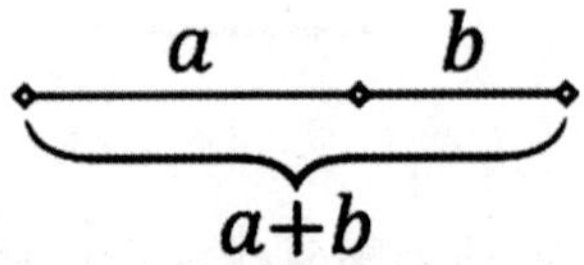

$$\frac{a+b}{a}=\frac{a}{b}$$

黄金比例的惊人之处在于它就如一条自然法则，运用到各处都有其合理性。科学家在沿植物根茎长出的分枝中、在树叶的脉络中找到了黄金比例；在动物的骨骼，以及它们血管、神经的分布间找到了黄金比例；还在化合物和水晶的几何形状中找到了黄金比例。甚至，据研究者们最近发表的报道，黄金比例可能还体现在原子层面。

没有什么地方比人体更能够体现黄金分割比例了，正如达·芬奇很久之前所知道的那样。事实上，他发现了如果人体各部分越接近黄金比例，那该人体就越美丽。

比如，人脸上就有很多部分可以体现黄金比例。双眼占中心位置，人的头部形成一个黄金矩形，鼻子和嘴巴分别位于两眼之间的和下巴之上的黄金距离。牙齿和人脸之间的空间关系，以及耳朵的构造也都反映了黄金比例。

不仅如此，黄金比例还体现在了人体的各个部分：比如手指的不同长度，脚掌和脚趾的构成，甚至是 DNA 的结构。当达·芬奇画出黄金比例人体大作时，他将人体放入一个圆圈，以及一个古老的正方形中，它们分别象征着神圣的宇宙以及世俗的地球。“维特鲁威人”是代表黄金比例的最佳画像——它体现了客观存在和形而上学之间的秩序与和谐。

这幅标志性的画作只是达·芬奇众多创作中的一幅，它们引发了人们长达几个世纪的惊叹，形成了一个个谜团，激发了世间不断的分析、辩论，也为他赢得了“史上最伟大的天才”的称号。

然而，每一件达·芬奇的大作都有着平凡的“出身”。

他从不怀抱名声和财富的梦想，从不追逐他人的认可和获赞。他的行为比我们想象的还要高尚。肯尼斯·克拉克先生——20 世纪最有成就的艺术史家之一，称达·芬奇为“世界上最不愿停止好奇的人”。达·芬奇自己总结了他的一生和成就，用他的话来说就是，“最高贵的愉悦，是认知所带来的快乐。”他的所作所为，仅仅是因为他喜欢将宇宙的表皮一层层剥开，探究表面之下的缤纷万象。贫穷或富有，备受认可或是怀才不遇，他都还是原来的他。

如果我们想要唤醒内心的那个天才，首先，我们应当学习达·芬奇的好奇心。让我们再进一步观察他，来看看他对于认知的热爱，是如何让他将看似毫无竞争关系的领域——艺术与科学、精神与神祇，用精巧和优雅的方式编织在一起的。

1452 年 4 月 15 日，达·芬奇出生于由美第奇家族统治的佛罗伦萨共和国，托斯卡纳芬奇市，他是 25 岁的赛皮耶罗阁下与农民卡特琳娜的私生子。

他接受的是非正式的拉丁文和数学教育，并在芬奇市古老的传统教育下进行绘画学习。15 岁时，达·芬奇父亲推荐他到著名的佛罗伦萨安德烈·德尔·韦罗基奥学习班。在这个学习班里，达·芬奇得到了深入的艺术理论训练，也学习到了广泛的技能，包括制图、化学、冶金、金属加工、石膏铸模、皮革加工、机械和木工手艺，以及绘画、雕塑和做模型。

韦罗基奥惊叹于达·芬奇不同寻常的天资和集中力。因此，韦罗基奥让当时十几岁的少年达·芬奇在他的油画《耶稣的洗礼》中描绘一个天使。根据历史学家瓦萨利的说法，韦罗基奥被达·芬奇的惊人画作所震撼，以至于这位老师发誓今后再也不碰画笔。达·芬奇 20 岁时已经在圣路加工会——一个当时盛行的画家及艺术家协会担任绘画教师。

1477 年，达·芬奇完成了在韦罗基奥手下的学习任务，开始真正地为这个世界留下自己的印记。他很快就接手了两项委任，但在路德维可·莫罗公爵的资助下，他得到了去米兰工作的机会，因此这两项委任都没能完成。

莫罗公爵不停地让达·芬奇画画、做雕塑、设计宫廷盛会和兵器，尽管当时他的每个作品都得到了大肆赞扬，他的热情还是投入在个人研究上。受难以遏制的好奇心驱使，达·芬奇当时进行了广泛的课程研究，包括解剖学、动物学、地质学、植物学、光学、空气动力学、土木与机械工程学、几何学以及建筑学。

他坚信“我们所有的知识都来源于观察”，所以他倾向于以观察、以身试法的方式来贴近科学，而不是以理论学习的方式。他的这种观念便引发了数万次实验，每一次的实验结果，他都孜孜不倦地将它们记录在笔记本上。

这是寓有深意的。达·芬奇不满足于不断的复习和研究他人的成果，他大胆地将当时的教育方法视为跳板而不是界限——无论这种想法如何武断。他的好奇心不是用来机械式地大量储存信息，或是将先验进行分类，他的好奇心是一种动态的能量，用来吸收、转化、净化所有他触碰过的东西。

达·芬奇在1510~1511年进行的解剖学研究就是他用精准的眼光进行观察和记录自然能力的最好佐证，也表现了他坚定不移去揭开生活秘密的决心。当时的解剖学教材对于人体的描述十分冗长，令人费解。达·芬奇认为这样的赘述其实可以用精确的图画来代替。

当时达·芬奇所能够想象到的，唯一能够让他画出人体的方法只有——将腐烂的罪犯尸体解剖。他日以继夜地在藏骸所工作，即使被周围尸体的腐臭熏得透不过气，“被肢解的、被剥了皮的尸体陪伴我的一个个夜晚真是恐惧得难以忍受。”他事无巨细地观察每一根骨头、关节、肌肉、肌腱、人体脏器每分钟的变化细节，甚至观察到了神经和毛细血管。同时，他还肢解、研究、临摹了很多动物的解剖图，包括牛、鸟、猴子、熊、青蛙和马，从而将动物的身体结构与人体作比较。

没有什么能比“炫目的”“变革性的”，这两个词更好地描述达·芬奇的解剖图了，不管在清晰度、精确度还是细节上，都是史无前例的，这些图片所揭示的人体的奥秘是当时无人所知的，包括女性体内错综复杂的生理运作，以及胎儿在子宫内形成的过程。之后的发现为他赢得了“胚胎学之父”的称号。

然而，达·芬奇对人类所做的贡献不仅仅在于画作。他的杰作孕育了一种全新的科学研究方法——密切观察、反复试验，用系统性及描述性的图解配以简要注释。“科学是对于任何可能事物的观察，不管是现在还是过去；先见科学是对于将要到来的事物的认知，尽管这需要慢慢培养，”达·芬奇这样写道。

他的解剖甚至引导他发现了胆固醇的积累和心脏病之间的关联，但是医学学会拒绝承认达·芬奇的成果，因为他并没有接受正规的医师培训。“我非常清楚，所有并非由经验而来的知识都被认为是空谈，所以经验就是我的情人。”达·芬奇深知，在通往成功的旅程中，对于未知的探索远比记忆他人的成果更为重要。

达·芬奇的解剖画作被很多医学教科书沿用至今，这是对其作品完美性的真正佐证。不可思议的是，这仅仅是达·芬奇作品和传奇中的沧海一粟。

达·芬奇相信绘画是世界通用语言。他的写实绘画手法在当时大胆、新鲜，最终演变成所有文艺复兴时期画家追随的绘画标准。

在对于光与影的研究中，他认识到物体可以通过光照和影子来描绘其三维的形态，从这个角度出发，他又衍生出描绘柔软、精细、栩栩如生形态的绘画技巧。他的好奇心还促使其发现了物体会随着距离的改变产生颜色和细节上的改变，这帮助他在景深和透视的写实技巧上又到达了一个新高度。“人物画像，应该要以欣赏者轻松辨认为目的，将其作为绘画时的态度，和大脑中的目标，”达·芬奇这样写道。

这些傲人成就源起于一颗愉悦的好奇心，后来发展得越来越丰富。达·芬奇追随内心，用一腔热情投入到绘画事业的探险中，这永远改变了美术这一学科。一直以来，他的画作是最多被积极临摹、分析和讨论的。不仅是由于其绘画技巧无语伦比的完美，而且还具有象征性，构图甚至达到了数学上的精确度。

画作《岩间圣母》描绘了一个广为流传的故事：圣母玛利亚和耶稣在天使乌利尔的庇护下——她对耶稣充满了敬意，遇见了施洗者婴儿约翰。画作的背景是如阴茎般的岩石和子宫状的意向，即使是画中的植物也有好几层的内在意义——圣约翰周围被血染色的小草象征了殉葬者的血，心形的叶子代表了爱与德行，剑状的叶子象征着刺穿玛丽心脏的悲痛，掌心般的树叶预示着胜利。

画作《最后的晚餐》，描述的是耶稣与其门徒最后的晚餐，也揭露了其中的背叛者，这幅画作被认为是构图与人物塑造的大作，也是艺术史上复刻次数最多的画作。历史学家最近发现这幅画作中的比例和布局具有天然的数学精准性，体现了音乐等式 12∶6∶4∶3，分别是纯八度，纯五度，纯四度（注释：音数为 3 又 2 分之 1 的五度音程称之为纯五度）。达·芬奇在说到“视觉和听觉拥有和谐共振”时，其实留下了线索，为了“赞颂宇宙间的大和谐统一”。

这幅标志性的画作也是后续研究达·芬奇众多神秘元素的探究素材，比如高人气的《达·芬奇密码》，在其中提到了圣约翰明显的女性特征，一支隐藏着的、拿着小刀的手，以及反复出现的“V”字符号也代表了女性，等等。

尽管争议颇多，《蒙娜丽莎》仍被认为是世界上最著名的画作。肖像绘画精巧，即使是近距离观看，也几乎不能在画布上看到任何一笔笔触。几个世纪以来，仰慕者不断在猜测这个女人的真实身份，以及在神秘倾斜角度的微笑背后的意义。科学家们近期发现了画作背后隐藏的细小的字母和数字，比如在右眼中有字母 LV，在左眼中有类似 CE 或是 B 的字母，背景的桥拱上有类似 72 或 L2 的字符，等等。那么这些隐藏符号背后究竟有什么意义呢？

达·芬奇无疆界的好奇心、对于魔法的热爱，以及迫于生计的考虑，引领他接受了工程学的挑战。他用其想象力创造出了“新世界”中的“新机械”图形手稿——这些机械都是领先当时时代好几百年的。他创作了有史以来第一架飞机设计手稿，最近被证实是一架具有飞行能力的飞机，如今被称作“达·芬奇滑翔机”，这是世界上首个直升机概念；他还创作了自行式马车——史上第一辆汽车设计；达·芬奇设计了史上第一个压缩太阳能系统，利用凹面镜来增强太阳能，给水加热——这也是如今太阳能电厂的运作方式；达·芬奇完成了第一个可行的降落伞设计、第一个独立储水的水下呼吸装置、第一个机械计算器、各种珍奇乐器，首创了液压泵概念，等等。

他对于工程学的好奇心并不仅仅止于民用发明。尽管达·芬奇憎恶战争，称战争为“猛兽”，但无法避免地，从他孩提时代起，文艺复兴时期的意大利就被卷入不断的战争之中。达·芬奇从路德维克那里得到了第一份赞助，当时他声称自己是能够制造各种恐怖武器的军事工程师。他承诺会创造出前无古人的战争机器和设备，比如军事坦克、导弹、能够用于快速射击的多管式气枪、手榴弹、迫击炮弹。可笑的是，他拒绝上交他的水下呼吸装置，因为他认为该装置会以危害人类的目的被应用到战争中。“我当时不得不以工作来维持生计，这就迫使我不停打断工作，处理一些杂事。”他后来是这样描述当时的工作的。

在文艺复兴时期，离发明电还有好几个世纪之遥，水被认为是所有力量的源泉。达·芬奇研究了各种形式的水——液态水、蒸汽、冰——并图解了丰富的创新发明，包括一台可以测量湿度的设备，一台蒸汽驱动的大炮，以及很多水车的衍生品，通过流动水来发力的大量工业机器，用来探测水下的手蹼，能够维持漂浮状态的救生用具，能在水上漫步的雪板靴，能够潜水并击沉其他舰队的船只，为船只设计的“永不沉没”的双层船壳，以及用于清理海港和航道的挖泥船。他甚至为了复兴米兰，设计了一套复杂的运河系统，当然还配套设计了超前的建造机器。

源于对工程学的好奇心，达·芬奇另一项伟大的发明就是真人大小的机器人。1495 年，他在路德维克的家庭派对上公布了这个发明。身穿骑士铠甲的机器人，用曲轴来驱动能做出行走、站立、坐下、张合嘴巴、摇晃脑袋、伸手的动作。正如达·芬奇的很多追求一样，机器人的发明是为了验证他的理论，即人体在本质上也是一个机器，其结构和动作能够用杠杆、滑轮、齿轮来模仿。

如果以上列举的发明还不够的话，达·芬奇还在另一个领域有过建树——制图学。1502 年，52 岁的达·芬奇接手了一项艰巨的任务——绘制意大利伊莫拉镇的地图，当时伊莫拉镇是教皇臭名昭著的儿子恺撒·博尔吉亚的要塞。没有任何设备能够帮助他简化工作量——达·芬奇不得不亲自走过每条街道、每块田地、每个山丘来绘制地图。成果也是惊人的精确，城市各处成比例地分布在地图上，当他将成果展示给赞助商博尔吉亚时，这位掌权的领导人被震惊了。这样的地图在当时非常稀缺，精确度史无前例，因此博尔吉亚雇佣他作为首席军事工程师和建筑师。

从 1514 年至 1516 年，达·芬奇在罗马工作，承接教皇布置的各种各样的工程。1516 年 3 月，达·芬奇的资助者美第奇死后，他又转投法国国王，弗朗西斯一世，开始制作一个能够往前行走，打开前胸能够展示百合花束的机械狮子。国王对达·芬奇的作品印象深刻，并授予他国王首席画师、工程师、建筑师。

弗朗西斯是达·芬奇最后一个也是最富有的资助者，他赐予达·芬奇丰厚的薪水，以及一栋位于昂布瓦斯皇家城堡附近的庄园宅邸。

尽管其右手不明缘由而瘫痪（猜测是中风引起的），达·芬奇仍将他生命的最后几年用来绘画和教学。他对不同领域进行了研究，包括油画、猫、马、龙、圣·华盛顿、水的本质、大洪水（米开朗基罗作品）和各种各样的机器。

1519 年 5 月 2 日，达·芬奇死于法国克洛吕斯堡。除了一些艺术作品，他还留下了超过 13 000 多页的笔记和手稿，记录了他日常的观察、想法、发现、发明，甚至是一些用前所未有的方式将艺术与自然哲学相融合的精美涂鸦。我们现在知道达·芬奇是科学先锋，他的手稿至今仍然是很多科学家的研究对象，用来挖掘新发现和新可能。法国著名评论家、历史学家依波利特·丹纳是这样描述达·芬奇的，“世界上还没有像他这样的通才天才，而且如此淡泊名利，如此向往无限，如此天然地精雕细琢，如此领先于他的时代以及他后续的时代。”

巨大的好奇心帮助达·芬奇成为一个文艺复兴全盛时期的巨人，以及全学科的先锋者。这种对于未知的渴望是其每个历史里程碑的起点。在成为天才的冒险旅途中，你也需要一个方向。比如对达·芬奇来说，你会发现好奇心就是他的方向，对于你从未考虑过的方向保持开放的态度。通往成功的道路有时并没有那么显而易见，至少达·芬奇的道路就不明显。事实上，很多历史上卓越的人物都是跟随着他们的好奇心进入未知领域的大海。

莱特兄弟从印刷业务起家，几年之后，他们发现对自行车更有兴趣。很快他们又把对工程学的热情投入到飞机的研究中去，并分析达·芬奇和其他人的发现。莱特兄弟，从俄亥俄州自行车店铺的小密室开始事业，后成为了美国最优秀的科学工程人才，最终顺利飞入天际。

盛田昭夫本来是要接手拥有 400 多年历史的清酒家族生意的，但是他对于家庭电子用品的修理显示出了更浓厚的兴趣。盛田昭夫在学校期间培养了对于数学和物理的热爱，毕业之后，他收拾行李，打算成为东京工业大学的一名教师。但是那时，他获悉井深大成立电子研究实验室一事，直接与井深大见面后，二人便一同成立了东京通信工业株式会社（TTK）。后来出于市场考量，两位决定将公司的重新命名，将代表“声音”的拉丁单词 *Sonus* 以及 20 世纪 50 年代十分流行的形容男孩的术语“Sonny”做结合，东京通信工业株式会社改名为索尼，于是，索尼（Sony）公司就此诞生。

如果你的人生旅行将你带入一个无法预见未来的方向，或者一个你认为无法找到自己的方向时，请不要惊讶和恐慌。你永远不知道这其中蕴藏着怎样的机遇，如果你对于追逐该人生方向充满了兴趣，那它一定对你的人生具有意义。

不管远处等着你的是怎样的机遇，你需要专注的兴趣来利用机遇取得成功。而真正的成功需要的不仅仅是脑中一闪而过的好奇心——它需要每日更新的、恒久的兴趣，就算在成功之前需要长期艰难的付出、就算有坎坷和碰撞、就算有致命的打击和其他任何驱使你放弃的原因，依然能够保持持续的兴趣。

但是，对于这种长期而艰巨的工作，这些人是如何利用个人兴趣的呢？

达 · 芬奇最显著的优点，就是他对周围的人和世界充满了无尽的兴趣。面相学说，人的性格是基于面部结构和特点的，于是，达 · 芬奇通常会去披萨店专门观察那些长相富有特点的人。当有人吸引了他的注意力，他就会花几小时跟随他们，从不同角度速写出他们的脸部，并且观察他们的行为习惯以及他们与人互动的过程。

“世界上有三种级别的人，”达 · 芬奇写道，“第一种人能够窥见世间道理，第二种人能够理解别人提出的世间道理，第三种人却无法感知世间道理。”

天才就是那第一类人，能够看到别人无法识别的事物，也能够付出努力去解释这些事物。他们在意外在世界的事物，他们对于周围的事物保持好奇之心，并且无法视而不见。与此相反，有些人就只能为世俗的陈词滥调所吸引。

就如作家、哲学家罗恩 · 哈伯德曾经说过的：“如果一个人表现得有趣，那相信我，你在他身上会找到很多问题。”这种人与上面提到的天才存在本质上的不同，哈伯德解释道：“很多名人都经历过类似的阶段，特别是那些愚蠢到天天想要成名的人。他们经历了从对生活产生兴趣，慢慢到表现得有趣。然而那些有趣的人到最后对生活失去了兴趣。”

当你对生活展现出了颠倒的兴趣——当一个人不再向外创造、不再输出，而只是笼罩在别人创造的温暖光线下，那么这种人迎接的冒险将会是荒诞的变异冒险，是通向敌意、嫉妒和攀比的战争。这种“表现得有趣”的人和女孩约会时讨论的是他的名车，他的“年度最佳销售”奖项，以及他的金钱；而“对事物感兴趣”的人在约会时会探讨约会本身，询问对方家庭、爱好和兴趣。

“表现得有趣”的人参加你兄弟的婚礼时会带有优越感地告诉你，他的婚礼在四星酒店举行，邀请了300位宾客，准备了100只和平鸽；而“对事物感兴趣”的人在知道要见你的家人时，会表现出激动的心情，并且关切地询问每个人的近况。“表现得有趣”的人不会去聆听你的想法和感受，而是单刀直入地打断，并说出自己的观点；而“对事物感兴趣”的人会理解你的观点，尽管他们的想法不尽相同，但也会让你尽情表达。

“表现得有趣”的人在听到你的生意终于有了收益后，便会立马告诉你他生意的第一年是如何精彩；而“对事物感兴趣”的人会祝贺你的成就并询问你获取成功的方法。

当然，以上提到的问题还有很多的衍生。如果对有意义的事物没有好奇心和兴趣，那么就不会形成重要的目标。不管我们是否有潜力，一旦我们对于追求有意义的知识点缺乏意志力，那么我们就会涣散。就如亚历山大 · 格拉姆 · 贝尔所说："只有当太阳光汇聚到一点上，才会燃烧。"

奥斯卡 · 王尔德曾经写到，很多人拥有"不知疲倦的好奇之心，想要去理解每件事，但没有一件是有意义的事"。这句话放到今天来看，可谓是至理名言了。如果你质疑我的观点，那就看看最近兴起的那些毫无意义的真人秀节目，那些商业化的体育竞技。那些想要赢得《幸存者》下一季名额的人拥有的是一颗怎样的好奇心，他关注的是卡戴珊又要与谁结婚离婚了，是谁会带领团队取得节目竞技的胜利，这种好奇心根本无法带你成长和进步。

我们必须挖掘出自己对于非必需品的兴趣，就如达 · 芬奇所做的那样。我们的生命是有限的，如果将生命消耗在分析那些毫无意义的事实和琐事上，那我们是在浪费潜能，最终浪费自己的生命。老子是这样警示我们的："动而成习，习而成性，性而成命。"

关于好奇心和兴趣，还有以下几点是我们需要考虑的。传奇作曲家柴可夫斯基说过："灵感的闪现只属于那些能够掌握自己兴趣的人。"也就是说，灵感是从人心内部而来的。好奇心是通往灵感的邀请函，它是不能够从教师、父母、顾问、老板或者朋友那里得到的。你可以指出它、说服它，但最后你必须乐意去创造它、拥抱它，并怀着这颗好奇之心开始每天的生活。如果你愿意，你的冒险之旅会将你带到一个自己未曾想象到的遥远的地方。

利用好奇心并发现属于你自己的“梦游仙境大冒险”的能力，与达·芬奇的特点息息相关——观察的能力。

“一个深受权威影响后形成自身观点的人并没有用到自己的智慧。他只是在运用自己的记忆力。”达·芬奇这样说。

不像很多同时代人，达·芬奇认为《圣经》和其他来自古希腊、古罗马的著作只能够带领一个人去追求真理，仅此而已。虽然他本身也深受先人的影响，这些影响体现在他的作品和写作中，但是与此同时，他还引用了与先人不同的全新思考模式。

达·芬奇相信只有通过观察，对简单问题的提问，以及对观察事物的系统测试和记录，得来的知识和理解才是高瞻远瞩。这种思维方式和方法论在他那个年代是具有变革性的，也是我们从黑暗时代的迷信和无知进化到运用科学方法的理性经验主义的里程碑。

观察看似简单，但对于每天的生活蕴藏着深远的意义和应用价值。让达·芬奇的好奇心变得如此与众不同的原因，便是他仅仅对自己观察和体验的事物进行肯定，也不管他的发现是否和先人或同辈的观点一致。

比如，达·芬奇的几何学观察和作品，包括最为复杂的菱形立方八面体图，以及后续被运用到印刷出版的几何形状（尽管因为未受过正规教育，达 · 芬奇当时的学术成果未被学术人士认可）。另外，还有很多知识分子嘲笑过达 · 芬奇的进化理论，说其理论无法与 4 个世纪之后的查尔斯 · 达尔文的进化论相提并论，包括达 · 芬奇发现胆固醇与心脏病之间的关联也曾经被质疑。

尽管当时的舆论也让达 · 芬奇倍感挫折，可他从未试图停止他们的评论，也从未停止自己获取知识的欲望，从未停止观察的步伐，以及将他所看到的事实公布于众。当他的观察和结论违背了当时高高在上的神论，或是被世人认为是根本不可能时，他也毫不在意。他只是继续观察、总结、测试、记录。他知道他的敌人并不是那些否定者，而是时间。

达 · 芬奇永远不会去适应当时的时代——他的目标是加入那些历史上的一小撮人，他们都是那些通过延展自身的好奇心来获取丰富的知识的人群。“把眼睛盯在一颗星星上的人改变不了自己的思想”，他如此写道。

在这个世界观中，达 · 芬奇教会我们一个简单的道理：不要害怕与你大脑中的世界以及那些“如果”问题玩耍；不要总是想当然地认为世界上所有事情都已经被知晓，因此认为观察没有必要；不要想当然地认为世界上已经没有什么是留给你去探索和改善的。正如一句古老的谚语所言：两个男人从监狱的铁窗往外看，一个看到的是地上的泥土，另一个却看到的是天上的星星。

当天才观察世界时，他看到的是具有无限可能性和奇迹的乐园。这是一种通过不断练习获得的能力，也是一种有意识的选择，不是天赋，而可能是天才最伟大的品德。

不幸的是，在当今社会，我们很容易就静止在各种屏幕面前，通过各种图片和声音来获取知识。美国人平均每天花 4 小时看电视。美国年轻人在看电视上花费的时间比在学校的时间还要多，不仅如此，他们还要花平均每天 2 小时的时间在游戏上（4 小时的电视时间不算在内）。

当今的文化让我们离心智的自然感知以及对人生的探险日渐疏远。我们是退败的一代，毫无目标，毫无远见，我们的行动力为的是一笔笔工资，为的是一种证明活着的短暂的欢愉。

达·芬奇说："正如铁不用会生锈，水不流动会浑浊，天冷会结冰一样，懒惰也会消磨智力。"

值得感谢的是，不管人们与生命的良机相隔多远，不管人类变得多么悲惨和乏味，他们还能够重新站起来。人类的精神是可重生的，人类的好奇心是无穷无尽的。朝着正确的方向踏出一小步，一步接着一步，更大步，不停歇，人们还是能够将自己从无目标的、绝望的、压抑的底层解放出来的。

所以，通过天才旅程的第一步，就是找到正确的方向。好奇心能够揭开属于你的探险，但是这需要你对生命以及生命的秘密、奇迹、情感、体验、回馈、磨难、不公平、美丽和不完美，充满真诚的兴趣。

3

勇气·勒班陀战役的塞万提斯

“无论你做什么，都需要勇气。不管你选择的是哪条路线，总会有人告诉你选错了。你总会碰到很多艰难的时刻，以至于让你相信你的批判者才是正确的。”

——拉尔夫·沃尔多·艾默生

每一个伟大的探险都来源于一种召唤，号召你离开平凡的世界，进入未知和陌生的世界中。

年轻的阿梅莉亚·埃尔哈特参观了由第一次世界大战王牌飞行员参演的飞行表演。当飞行员在临近的上空注意到埃尔哈特和她的朋友时，这个飞行员从高空俯冲下来吓唬她们。但当时埃尔哈特却没有表现出一丝的恐惧。“我当时没有理解为什么，但我知道那架小飞机经过我的时候一定对我说了些什么。”

初中时，史蒂夫·乔布斯的朋友向他介绍了一个名叫史蒂芬·沃兹尼亚克的电脑迷，他给乔布斯展示了自己制作的一块小小电脑主机板。乔布斯深深地着迷了，几年之后，这两位便在乔布斯父母的车库中成立了苹果电脑公司。

卢克·天行者（《星球大战》中重要角色）在机器人掉落的一块金属上收到了美丽的莱亚公主发来的全息求救信息，“快来救我，欧比－旺·克诺比，你是我唯一的希望！”

甘道夫从火焰中拿到了魔戒，但意外地落入佛罗多·巴金斯手中，随即魔戒上一排发光的精灵文字开始显现，写的是：“至尊戒驭众戒，至尊戒寻众戒，至尊戒引众戒，禁锢众戒黑暗中。”

当然，你可以接受召唤，也可以拒绝召唤。这只是通往成功道路上的第一个试验而已。

你有跟随召唤的勇气吗，还是你决定充耳不闻？

面对这第一个试验，就需要勇气，有时需要莫大的勇气，就如米格尔·德·塞万提斯做的那样。

1571 年 10 月 7 日，希腊帕特雷湾上，西班牙战舰“侯爵夫人”号在著名的勒班陀战役中浴血奋战。目光之所及的范围内，硝烟战火弥漫，超过 400 艘基督教国家联合海军与奥斯曼土耳其帝国海军

战舰相互开炮、撞击、燃烧直至沉没。

在“侯爵夫人”号的甲板下面，有一位叫米格尔 · 德 · 塞万提斯的青年差点因为高烧而精神错乱，他从床上爬起来，在他的国人兄弟面前振作起来，他坚持宁愿为了上帝为了国王而战死，也不愿带病躲躲藏藏。

塞万提斯分配到了 12 个手下前往战舰旁的一艘船。他与敌军英勇奋战，被子弹击中 3 次——两次射在胸部，另一次射在左臂，导致左手残废。整个奥斯曼土耳其帝国军队受到一次毁灭性的袭击，这次袭击直接阻止他们入侵意大利，无法进军欧洲。

塞万提斯的伤口愈合之后，他又重新加入了西班牙海军。三年之后的 1575 年 6 月，塞万提斯被允许返回西班牙，并由于奥地利的唐 · 约翰以及塞萨公爵的表扬信，他对晋升提拔信心十足。但讽刺的是，这两封有利于他的信件却是他今后所要面对的“双刃剑”。

1575 年 9 月，塞万提斯登上“太阳神”号船舰，开始了前往西班牙的航行。两个星期的航行之后，“太阳神”号渐渐靠近了西班牙加泰罗尼亚海港，旅程任务眼看就要完成了。但就在那里，一艘阿尔及利亚的海盗船舰突袭“太阳神号”及其两艘同行船只。船长和很多船员都相继被杀害。塞万提斯再一次战胜了死神，但与同伴罗德里格以及其他幸存的西班牙船员一同被俘虏。

俘虏会被当做罪犯运到阿尔及尔，或被当做奴隶售卖，而当时塞万提斯就成为了一名叫做达利 · 玛尼的希腊海盗的财产。塞万提斯随身携带的信件证明了他是一位重要的人，因此值得一笔高价的赎金，也值得被特殊监督。塞万提斯当时毫不畏惧，他很快就想到了出逃计划。1576 年，塞万提斯说服摩尔人带着他和其他基督教俘虏穿越 300 多公里危险的沙漠，最终到达位于奥兰港口的西班牙堡垒。

可是，这位摩尔人向导在半途便抛弃了塞万提斯和他的朋友，而且没有给这些逃兵留下任何食物、水以及如何到达目的地的指引。塞万提斯的同伴都没有他那么幸运，每天相继有人被吊死、刺死或是毁容，直到所有人都被杀死。

1577 年春天，两位牧师到达了阿尔及尔，他们带着塞万提斯父母的托付，用 300 头牛来换取塞万提斯的自由。但是这样的赎金还是因为过于廉价而被拒收，然而，塞万提斯却用这些钱换来了同伴们的自由。这些同伴们已经开始小心翼翼地计划第二次出逃，这次罗德里格的成功出逃看来能好好地帮上塞万提斯。

后来，这年的秋季，一位基督教园艺师趁他的主人私掠巡航时，帮助塞万提斯和 14 名俘虏逃走，并将他们带到郊区的一处洞穴。他们一直藏匿于这个洞穴之内，等待罗德里格组织的救援队到来。

塞万提斯和他的同伴在这些洞穴中藏了将近 2 个月后救援船到达了，但是就像上天安排的一样，没有人敢下岸给他们报信。来解救的水手们在第二天返回到一片空旷的沙滩，又一次，没有人敢尝试把塞万提斯从洞穴中解救。后来，他们不用再回去了，也不用再试图逃脱这充满危险的水域了——他们被阿尔及利亚人捕获了。

塞万提斯的坏运气接踵而至。一个之前给他提供物资的西班牙人背叛了塞万提斯，他和其他背叛者都投奔了阿尔及尔新任总督哈桑 · 帕夏——以对奴隶残忍之至而闻名的人。哈桑派出 30 个全副武装的人追寻藏匿的西班牙人的下落，当他们找到了那个洞穴时，塞万提斯坚称是他策划出逃并引导同伴的，他该受责罚。

塞万提斯在哈桑面前被带走。塞万提斯声称自己是唯一想要潜逃的罪犯，希望饶恕其他逃犯。尽管受尽了残忍的折磨和威胁，塞万提斯一直都没有松口说出其他同伴的名字，他坚持说自己是唯一一个该受罚的。哈桑由此被塞万提斯的勇气所打动，不仅释放了他，让其免收折磨，还以不菲的价格将他从原先的奴隶主那里买了回来。

哈桑要求一笔几乎不可能的赎金，并将西班牙背叛者判下终身拘禁。意料之内，塞万提斯有了其他的计划，因为用他的话来说："我永远不会忘了追求自由的希望。"

1578 年 3 月，塞万提斯将一封秘密信件寄给奥兰官员科尔多瓦以及其他塞万提斯认可的重要朋友。在信中，塞万提斯请求他们派遣间谍和一些信得过的、有资源的人来帮助他和另外三位重要的俘虏一同潜逃。科尔多瓦当然会仔细听从塞万提斯的计划，因为科尔多瓦和他的父亲曾经被俘，父亲当时没能经受住折磨而丧命。

摩尔人受托成功将信件运往奥兰市大门，但是信件却到不了科尔多瓦的手中。哈桑的间谍察觉到了寄送使者，查获可疑信件后，捕获并把送信人带到了总督面前。总督将这位摩尔人刺死，并判处塞万提斯腹部和脚部重击 2 000 拳——可以说是一种折磨人的慢性杀人。

令人惊讶的是，由于到目前为止还不为人知的原因，塞万提斯并没有因为第三次出逃受到任何处罚。不久后，他便又开始谋划他的第四次——也是最后一次成功的逃亡。

1579 年 9 月，塞万提斯说服了一个名叫基龙的西班牙海盗向一位在阿尔及利亚的瓦伦西亚可信商人购买了装有武器的护卫舰。另一位商人因为同情塞万提斯的遭遇，于是为这笔买卖预支了一笔钱给他。塞万提斯在天亮前秘密地向其他在阿尔及利亚的 60 位基督教俘虏传话，邀请他们跟随塞万提斯一同逃离。

出发前一个月，塞万提斯再一次受到了背叛——这次是被一位西班牙和尚帕斯出卖了，他对于自己被排斥在本次计划之外而感到不满，而且他还希望能够得到哈桑 · 帕夏的青睐。哈桑自认为仍然可以在逃犯躲藏的时候，一把抓住全员，并非法占有这些奴隶，判处死刑。

但是当帕斯背叛的消息传播开来时，借钱让塞万提斯购买军舰的商人确信如果逃犯被哈桑捕获，所有的参与者，都会被他折磨，除了塞万提斯。生怕失去财产、自由、也可能是生命，这位商人提议无论花多少钱，都愿意为塞万提斯支付赎金，并把他放上一艘开往西班牙的船上。

塞万提斯认为这样抛弃同伴的作为太不光明磊落了。他拒绝了商人的提议，但是承诺如果被抓，自己不会透露在逃亡计划中的任何一个人，不管自己会受到何种折磨——他会独自接受惩罚，拯救每一个参与人。

逃亡的日子渐渐逼近，哈桑对他们逃跑的警觉性也日益增强，塞万提斯溜出他主人家几天后，一封正式的公告便发布了，称任何参与或帮助塞万提斯的人将被处以死刑。塞万提斯再次展现了不屈不挠的勇气，他主动向哈桑请罪。哈桑当时大发雷霆，将绳套紧紧勒住塞万提斯的脖子，威胁他、折磨他，并表示如果不说出参与这次计划的所有人，便勒死他。塞万提斯依然坚定不移，并声称此次计划没有同伴，只有他和四位西班牙人士参与，而这四位最近已经成功到达西班牙，恢复了自由之身。

哈桑明知塞万提斯在撒谎，但却又一次被他在面对死亡和折磨时展现出的勇气而深深折服。尽管他可能还不知道，塞万提斯的大义凛然早已收复了25 000个阿尔及利亚基督教徒的心。两名西班牙人曾试图为解救塞万提斯而造反，但后来被阻止，此次事件更加剧了哈桑的担心，因为只要塞万提斯还在他的手中，他就有可能受到基督教的集体造反，这将有可能摧毁地中海最重要的海盗庇护所。

1580年春天，西班牙飞利浦二世意识到塞万提斯服役期内的优秀表现和其英雄事迹，便指派了两位牧师带着赎金将所有俘虏，包括塞万提斯赎回。这两位牧师当时从塞万提斯家人那里拿到了250金币，这是他们能够支付的最大限额了，为塞万提斯申请自由。但是哈桑将塞万提斯的赎金提价到1 000克朗——比他所能支付的金额多一倍。不仅如此，塞万提斯即将前往君士坦丁堡，如果不及时支付要求的金额，他将会把塞万提斯一同带走。

持续的协商也没有得到任何结果，哈桑准备离开了，将塞万提斯带上锁链，登船。其中的一个牧师，胡安·吉尔神父为塞万提斯的困境感到痛心，苦苦向哈桑央求，哈桑终于同意将赎金减至 500 克朗。为了凑齐这一笔钱，胡安从几个基督教商人那里借了相应的钱，那几位也都十分仰慕塞万提斯的英勇事迹，同时胡安还动用了他教堂里的通用赎金。

赎金赶在哈桑开船前上交了，塞万提斯还向船舰长官支付了 9 个金币以表敬意，这才被允许作为一个自由人上岸——这是他 5 年来一直执着追求着的目标，按其描述，也是“人生在世能够体会到的最大的快感：在长期的奴役之后，得到释放，回归到安全的故土。”

恢复自由之身之后，塞万提斯又做了些什么呢？他一生的挚爱就是探险、旅游和效忠祖国，因此他重新入伍加入西班牙海军，并参与了多次战役，他利用长期的航行时间勤奋学习，在爱上了一位出身西班牙贵族家庭的年轻女士之后，他又立志领会诗歌和散文的艺术。塞万提斯为他的爱人创作了一首名为《伽拉泰亚》的诗歌，发表于 1585 年，这是他的第一部主要作品。

之后的 20 年里，塞万提斯跟随海军过着漂泊的生活，他既是一位水手，又是西班牙舰队的一位采购代理商，也是一位收税员。他于 1605 年发表《堂吉诃德》 第一卷，1615 年发表第二卷。最终，塞万提斯的文学成就包括超过 25 部小说、短片故事、短剧和诗歌。

《堂吉诃德》是科幻小说中最具有影响力的作品之一，塞万提斯也被认为是西方文学史上最伟大的作者之一。

塞万提斯在文学界取得辉煌成就的故事，与他之前经历的险境和困境，甚至无法有机会触碰到笔杆的故事形成了鲜明对比，从而永远地改变了西方文学文化。

天才代码中包含了勇气这一元素，这绝不是空穴来风。

没有了勇气，通往成功和成为天才的冒险之路永远都没有起点。

将他人为我们规划的安全生活之路、千万人共同踩出来的经验之路撇开，并拥抱未来的不确定、危险以及未知，这需要非凡的勇气。尽管我们所希望的人生旅途是清晰的、可预见的，但人生就像是一趟在夜间开往遥远而黑暗的国度的旅途，我们车灯的光芒能覆盖到的区域极其有限。

勇气是天才代码的最佳催化剂，它赋予你的蜕变以更多的意义。

你知道 WD-40（注：一种几乎万能的金属制品保养剂）名字的来源吗？

WD-40 是“W 代表水（water），D 代表消除（displacement），40 代表第 40 次尝试”的缩写。

“那又怎么样呢？”我听到你这样问了。

一个化学公式在经历 39 次的失败后，迎来了一年 3 亿美元的销售额。类似的，高人气游戏《疯狂的小鸟》是游戏发明家在 52 次尝试后的成果。这家游戏公司 8 年来都勉强维持生计，在创作出《疯狂的小鸟》之前一度几近破产，最终该游戏的下载量超过了 1 亿次。

詹姆斯·戴森发明出革命性的吸尘器之前，曾经历了 5 216 次失败的经历。在有足够的资金创立戴森公司之前，他又经历了 10 年坚持不懈的努力，而戴森公司的销售额也在 2015 年超过了 2 亿美元。高朋公司（Groupon）早前因资金缺口和大额利息而近乎倒闭，而现在公司估值已达 63 亿美元。

每个行业的龙头企业在起初都没有他人的协助支持。从某种角度而言，每一个你认为超群的人都有一个共同点，即都是不切实际的、天真的梦想家。

没有任何一个政府官员会想到比尔·盖茨对于微软的发展憧憬会永远改变软件的世界。没有人当初会相信奥普拉·温弗瑞在历经多年家庭性侵，并在 13 岁离家出走之后还会取得成功。

我们身边每个伟大的组织和事业，其存在的原因都是因为那些有勇气去挖掘他们真正能量的人，他们不会轻易地放弃自己的旅程，也不会轻易让逆境击败他们。他们将自己内在的天才基因发挥得淋漓尽致，将其获得成功的潜能完全解锁。

“成功好像与行动力密不可分，”希尔顿酒店集团创始人——康拉德 · 希尔顿这么说。成功的人从未停止努力的步伐，他们也会犯错，但是他们不放弃。也许你会在前往成功的探险中失败十余次，抑或失败上百次。但是在积年累月的付出之后，你也可能会成为那些“一夜致富”故事的主人公，前提是只要你拥有跨出第一步的勇气，并且永不回头。

探险旅程一旦开始，冒险的台阶只会变得越来越高，你需要付出越来越多的勇气来克服各种质疑、动摇和失望。塞万提斯坚定不移的勇气不仅在各个危难关头拯救了自己的性命，也为他争取到了更为丰富的、更为广阔的经历作为创作《堂吉诃德》的素材基础。如果他选择了一条不同的道路——比如他更早地逃离苦海，也许是以他的兄弟被捕为代价的自由——那很可能，塞万提斯就无法写出堂吉诃德这一绅士形象，西方文学史上也将失去一面最有影响力的文学里程碑。

历史中很多卓越的天才在取得成功之前都不得不克服迎面而来的障碍和困难。他们需要始终保持内心的强大以及坚定的信念和意志，当有声音在说“NO”的时候，用“YES”来盖过它。即使是别人指责了他们的信念或计划，他们也毫不在意。他们知道的真相是什么就说什么，即使这个真相意味着被排斥或更糟的境地。他们毫不惧怕承担责任，相反，他们总是心怀责任感。我们社会进步的原因就是他们的勇气。

就像一位不断探索的英雄，当你努力完成生活中不可思议的任务时，你的决心将会面临大大小小的考验，人们会想方设法阻止你，生活环境也不会总是对你有利。有时局面看起来是黑暗无光的，你也知道自己害怕了。这个时候，你只有两个简单的选项：放弃，或者变得更强。

在你的旅程中，你将会多次面对这种窘境，你做出的选择完全取决于你的勇气。你是愿意继续前行直到“南墙”，还是选择掉头？

从漫画家到文化楷模

华尔特·迪士尼16岁时就辍学应征入伍。当然，由于年龄的缘故，并未能够入选。当时，他便决定加入红十字会，而不是重返校园。于是，他到法国当急救车的驾驶员，以及红十字会官员的驾驶员。

1919年当他回到美国堪萨斯州时，华尔特决定追求他一直以来的梦想——成为一名艺术家。由于他在漫画方面天赋异禀，他便试着去应聘报纸绘画员的职位，但是没人愿意雇佣他。他的哥哥罗伊为他找到了一份当地画室的临时工作。当工作到期后，华尔特便决定与他的朋友以及漫画师好友伊沃克斯，共同建立自己的工作室，而这间工作室从此不再平凡。

堪萨斯市广告公司当时雇佣了华尔特和伊沃克斯两位，一起承担剪纸动画的工作。那时的工作让华尔特彻底爱上了动画，他的脑袋里装满了各种动画短片的想法。很快他便决定要成为一名动画师，不久之后在 1922 年开设了个人第二家公司。

华尔特的动画片很快就在堪萨斯区域变得流行开来。他用赚来的钱雇佣了很多动画师，做成了一个真正的动画工作室。华尔特为员工开具慷慨的工资，但是公司的收益却无法承担大量的薪资支出，财务上的重担日积月累地增加。为了缓解财务压力，华尔特住在办公室，每周只在堪萨斯市车站洗一次澡。

当时他创立的工作室叫欢笑动画公司（Laugh-O-Gram Studio），1923 年因负债倒闭。华尔特当时只有 21 岁，并没有放弃理想，而是将录像机出售之后，买了一张前往好莱坞的单程票，和哥哥罗伊在好莱坞共同创立了一家卡通工作室。他的行李箱中存放着华尔特所有的财产：几套衣物、未完成项目的一盘胶卷以及 20 美元。但是对创作能为他人带来欢笑和快乐的卡通形象和剧本故事，华尔特从没有丧失信心。

华尔特和罗伊这时就开始了迪士尼兄弟工作室的工作。伊沃克斯和他的家人也搬到了附近，加入到这两人之中。该工作室的第一笔生意，是完成华尔特的系列动画之《爱丽丝在卡通国》，他们雇佣了一位名叫莉莲 · 邦兹的年轻女士为动画片胶卷着色。华尔特和莉莲之间马上碰撞出爱的火花，并在一年内结婚。《爱丽丝在卡通国》完成后大获成功，这让华尔特、罗伊和莉莲得以从华尔特叔叔的车库搬到一间正规的房产办公室。在 1927 年，环球工作室决定参与卡通事业，他们与华尔特工作室签约，一同创造系列动画《幸运的兔子奥斯华》的卡通形象。

这部全新的卡通片让环球工作室达成了新的飞跃。人们十分喜爱华尔特创造的自由自在、有趣愉快的卡通风格，以及伊沃克斯新颖的动画表现形式。这让华尔特再次招聘了那一批在欢笑工作室工作的动画师，共同为《幸运的兔子奥斯华》的高人气作出努力。

1928 年，华尔特出差到纽约，为其团队协商更高的报酬。查尔斯 · 明茨，华尔特的发行人，不仅反驳了他的要求，而且告诉华尔特要么考虑降价，要么就会失去参与整个项目的机会，以及整个动画师团队（这些动画师私下都与明茨签订了合约，加入明茨的新工作室）。而且，奥斯华的商标也归环球所有，并非华尔特，动画的播出有他没他根本没有差别。

华尔特并没有陷入明茨招致而来的困境中。华尔特对此想出了一个简单的解决方案：他可以创造一个比奥斯华更有人气的动画形象来代替、掩盖奥斯华的风采。在从纽约回程的路上，当他的财产“处于最低谷，危机一触即发”时，华尔特的脑中闪现了一个好点子。他马上拿出画板，画出了一个可爱的小形象，这个形象后来彻底改变了他的一生，也永远改变了动画世界。这个形象的灵感来源于华尔特在欢笑工作室驯服的一只宠物——老鼠。

华尔特叫这只老鼠“莫蒂默”，并把草图带给伊沃克斯看，他为该形象进行修饰设计，使用了圆圈元素，更易动画化。莉莲坚持认为该名字太过女性化，并提议叫它“米老鼠”。

在与环球的合约期内，华尔特和伊沃克斯偷偷开始了米老鼠动画项目的工作。1928 年，这部全新的动画片首次公映，人气却不温不火。导致没有发行人愿意接手这部动画。华尔特十分失望，但是并没有丧失斗志。他和伊沃克斯马上就开始了第二部米老鼠动画的制作，后来也是无人发行。然而，第三部米老鼠动画以一部真正的童话故事形式首播，获得空前人气。

在这部《蒸汽船威利号》动画片中，华尔特和伊沃克斯进行同步配音，大获成功。这部动画片将华尔特、伊沃克斯以及米老鼠推向国际舞台，独创性的动画片传达的欢笑，获得了全世界的认同。

“生活所迫创造的米老鼠形象，把我们从窘迫的生活中拯救出来，”华尔特这么描述米奇。“米奇让我们想到了一些方法，能够让我们的工作室从中等的规模衍生扩展提升到一个新的娱乐产业水平。它告诉了我们什么是动画制作的自由。”

1932 年，华尔特因为《米老鼠》获得了美国学院奖。他的成功开启了黄金动画时代，包括至今仍是经典的卡通形象：唐老鸭、高飞、布鲁托，以及具有突破性意义的全长动画片《白雪公主和七个小矮人》——凭借该动画片，华尔特荣获一项奥斯卡大奖，同时《比诺曹》《幻想曲》《小鹿斑比》和《小飞象》还荣获了七项小奖。

“当一个人知道了如何将梦想变成现实的秘密，这个人就没有到达不了的事业高度，”华尔特写道。“这个特别的秘密，对我来说，可以用 4 个 C 来概括，它们是好奇心（curiosity）、自信心

（confidence）、勇气（courage）和坚持（constancy），其中最为重要的就是自信心。当你相信某一件事情时，就要无时无刻坚持着这种相信，毫不质疑。”

华尔特好几次在生活中失败得一无所有，但是他从未丧失对他来说最重要的东西——对自己的能力和想法的自信心，以及探险的勇气。他从来不会因为内在的、外在的恐惧而放弃——失败的恐惧、贫穷的恐惧，以及梦想不易实现的恐惧。他深知，恐惧只是所有探险的副产品。这个单词中间还蕴藏着深层次含义。

“恐惧”（fear）单词源自日耳曼语中的 per，意思是“尝试吧、探险吧、克服吧、胜利吧”的意思，以及源自希腊语 piera，意思是“尝试、努力、体验”。马克·吐温说过，勇气是恐惧的克星，也是克服恐惧的利器，但两者缺一不可。亚里士多德说过，勇气是恐惧和鲁莽之间的中庸之道。

因此，你可以这样总结，恐惧是一件好事。这是一种告诉我们不得不前进的暗号。我们越是对阻挡我们的障碍产生恐惧，如何面对恐惧就变得日益重要，我们就越会确定，我们必须克服它，我们就会越来越擅长战胜恐惧。

最让人害怕的事情，是不去尝试。停留在恐惧之中注定要悲哀。静止地停留在恐惧中会带来噩梦，并以各种形式导致个人的失败。“一个人应当尽可能早地设立目标，并把其精力和才能应用进去，”华尔特说，“付出了足够的努力，他就可能成功。甚至他可能找到比成功还要意义重大的东西。但最后，不管结果如何，他都会深知自己曾经努力过。”

历史上每一位天才，在付出勇气时踏出的第一步，便是全心全意地接受探险的号召。他们拥有覆盖恐惧、不安的勇气，拥有承认自己是谁，自己必须做什么的勇气。就像雅典王子提修斯敢于刺杀可怕的牛头人身怪物弥诺陶洛斯，当时他自愿进入克里特岛迷宫斩妖除怪。

塞万提斯本可以忽略人生探险的号召，躲藏在“侯爵夫人”号甲板之下，他的水手手下们甚至也鼓励他这么做。水手们说如果塞万提斯在当时的情况下加入那场恶战，其实应该是必死无疑的。但是塞万提斯不在意，他身体中的某一部分在释放信号告诉他，这是通往成功的入口。

同样的，迪士尼本可以把他在红十字急救车上画的愚蠢的卡通当做是幼稚的产物，继续在农场或铁路线上工作，就像他父亲一样，他也本可以向查尔斯 · 明茨压倒式的商谈妥协。但是不管别人对他的信心还剩多少，他都拒绝妥协，拒绝做一个碌碌无为的庸才，他还是为这个世界带来了改变。

回头来看，人生的冒险向塞万提斯和华尔特发出的号召是显而易见的。

当你明白了探险的另一个名字之后，你就会越来越乐于接受探险的号召，这个名字就是“机遇”。机遇是指亟待解决的问题，亟待克服的挑战，亟待填充的空缺。这样的机遇就在你眼光所及之处，正等待人们的认领，有识之士将机遇孕育成一个个产品、服务、艺术，从而改变世界。机遇是灵光的闪现，是某种可能性带来的暗示，只要人们将这两点以他人从未想过的方式连接起来，便会在人们大脑中产生无穷的能量。

你并不只是在单纯地寻找问题、挑战、领悟或可能性。你其实在寻找，那些你正面临的问题的挑战、领悟及可能性，即便别人也拥有了它们，它们是你无法抗拒的东西。换而言之，是那些会产生巨大财富的东西，不论是物质上的还是精神上的。

如果来自探险的号召让你觉得恐惧，请不要惊讶，你的反应本该如此。我拒绝了很多次来自写作探险的号召，但是最终还是鼓起了勇气接受它，面对这个巨大的出版世界。一旦我接受了号召，我发现写作和出版比我曾经想象得还要简单、有意义、有成就感。

这就是我的故事，那么你的呢？你准备好接受属于你自己的探险了吗？你已经开始寻找并聆听探险发出的号召了吗？深入内心，问问自己，你听到了吗？老子曾经说过，“千里之行，始于足下”，你的旅行就从你踏出第一步的时候开始。至于前方的一千里，它会通向哪里，它又会为你带来什么，谁又会知道呢？

4

想象力·那个创造了 20 世纪的人

> “事实和想法本身是没有活力的，是想象力赋予了它们生命。”
>
> ——W.I.B. 贝弗里其

人生大冒险的召唤通常来自那些待解决的疑问。任何人都适用，但是冒险是要以想象力为代价的。当旅途在你的面前展现开来时，全新的挑战和压力接踵而来。你需要用创造力和聪明才智来迎接这些相继呈现的问题，而只有历史上最富有想象力的头脑才能够解决这些问题。

当时，贾森要想证明自己是伊奥科斯（古希腊城邦）合法统治者的唯一方法，就是从遥远的土地追回传说中的金色羊毛。问题在哪里呢？每个人都认为这是一个不可能完成的任务，因为在此途中，贾森需要对抗许多危及性命的困境。贾森当时对自己也不确信，因此他召集了由阿尔戈英雄组成的战队，并建造了史无前例的大型船舰。而后，他渐渐明白如何在错综复杂的撞岩之间航行，他将喷火的铜蹄公牛拴在船舰之前，使得守卫金色羊毛的护卫队在神牛前自取灭亡，并成功地给永不入眠的喷火龙下药，让其第一次进入睡眠。贾森起航四个月后，便带着金色羊毛返回家园，取得王位。

19 世纪后期，麻醉学刚推行，外科学正处在蒸蒸日上的时期，然而大批患者因在麻醉时受感染致死，引起了人们的恐慌。约瑟夫·李斯特决心要弄清楚为什么，怎样才能够解决这一问题。在大量的研究和思考之后，他总结出了路易·巴斯德在当时备受争议的细菌学理论正是解开这个谜团的关键。

用加热的方式来杀死伤口的细菌并不可行，这需要一种全新的方法。李斯特推测一定有种化学方法可行。后来，他发现附近一个英国小镇用于治理污水的化学试剂石碳酸成功降低了居民和牲口的伤口感染。李斯特加紧研究，并在 1865 年，成功发明了用石碳酸防止伤口感染的办法。他继续朝着这个方向努力，并建立了外科手术的消毒法。正是因为他的发现发明，截肢和感染致死的病例数骤降，之前被认为无法完成的手术现在也得以规划和实施。

安德鲁·卡耐基 13 岁时在一家棉织厂负责转动织物卷轴，每天工作 12 小时，每周工作 6 天。2 年后，他又找到了一份一周挣 2.5 英镑的电报信差工作，尽管年龄还小，他却在那时决心提升自己在公司的排名。他快速学习分辨电报信号的不同声音，并试图凭借耳朵来翻译这些信号。一年之内，他就晋升为操作员。到二十几岁时，他就通过一份精明的铁路行业投资获得了第一桶金，而且当时他还在帮助修复美国内战时期被工会破坏的联邦铁路和电报线路。这场内战让他意识到制造业对于整个美国经济繁荣的重要性，由此他的注意力和兴趣点便从资本市场转向了冶铁术。之后的30多年，卡耐基致力于为更便宜、高效、厚利的高产量钢铁制定标准，并成功创立了全美最广泛的私人钢铁运营中心。

哲学家埃德蒙·伯克说过："从感情层面出发的行动热情是有边界的，但是在想象力的影响下，行动热情是无穷无尽的。"想象力便是天才密码的生命力。这种力量增强了天才密码的力量，赋予其更丰富的色彩，解开了我们增加认知和才能的潜力。天才们都敢于去想象看上去不可能实现的事情，而且现实生活中也朝着这个方向努力，这绝不仅仅是巧合，他们的心中早已自命不凡。

很少有什么故事能够像下面这个人的经历一样，充分说明这一点。这个人是现代社会之父，拥有着传奇般的想象力和好奇心。

尼古拉·特斯拉有一天在布达佩斯市立公园与朋友一同散步，背诵着歌德的《浮士德》，这时他也没有意识到他即将改写历史的进程。

那一年是 1882 年，两年前，爱迪生刚刚发明了使用直流发电机进行配电的系统，它能够生成同一方向的电流。爱迪生的这个突破可以称为是现代的奇迹，尽管该系统还有许多技术限制，比如由于电机无法有效地改变直流电路的电压，因此电机厂只能够给方圆 3.2 公里内的顾客提供服务。也就是说，这种供电形式永远不可能在郊区出现。

特斯拉当时特别喜欢匈牙利日落的光线，这样的景象让他惊叹。这时，他的脑中灵光一闪，看到了这样一幅场景，利用旋转的磁场来制造电流可以以每秒多次的频率不断改变电流的方向。他随即捡起了地上的树枝，在沙地上画起了这种发电机的构造，他的朋友在一旁观察，并不清楚这究竟是什么。毕竟，这样的机器在理论上是无法制造出来的。事实上，7 年之前，特斯拉曾向奥地利大学的教授提议将直流发电机改造成交流发电机，却因此受到教授的取笑。特斯拉一年之后便辍学，然而对于创造交流电的想法却从未放弃。

在市立公园的意外发现之后，特斯拉马上开始踏出实验的第一步：他搬家至巴黎，到欧陆爱迪生公司，负责为商业设施安装照明系统。然而，他的热情是为了设计出改进爱迪生现有发明的设备。如果他能够成功引起督导对于其想法的注意力，他就有机会展示其革命性的电机，并且赢得资金和支持。特斯拉在电子工程上的技术高度很快就引起了注意，他对于电机改造的想法也成功实施用以改进爱迪生的直流电机。

一年之后，特斯拉在法国斯特拉斯堡负责修理铁路照明系统。他成功进行了必要的修复，但这并不是他付出的全部。他在那里制造了构想的第一个交流发电机模型，把头脑中的原原本本还原到现实中。特斯拉为其所拥有的奇迹找了几个投资人资助，然而，富有的商人们根本不能理解这个设备，也看不到其中蕴藏的商业价值，便直接拒绝了他。特斯拉却没有因此而退却。他意识到，要实现电机梦想的唯一途径，只有直接与世界上最伟大的电气工程师——托马斯·爱迪生见面。

这个故事告诉我们一个道理。在人类所涉及的每一个领域，你的工作越是具有想象力，你的工作越是难以被别人理解和接受。这其中的原因多种多样，但人们就是“无法理解”你的想法。特斯拉从此便踏上了这条道路，他所做的事情是能够为他带来巨大的财富的良机，也能够永远改变世界。与其浪费时间尝试说服那些没有头脑的商人，特斯拉不如选择付出更多的努力来与那个他认为可以马上认可其努力的人见面。

半月后，特斯拉便到斯特拉斯堡火车站乘坐火车前往海港，并登上萨图尔尼亚远洋定期客轮，为了见爱迪生一面，朝着纽约起航。他的叔叔给了他一些开销，老板给了他一封推荐信，上面写着“我所知道的有两个伟人，一个是你，一个便是这位年轻人。”

然而，特斯拉差点没有赶上那班火车，也在途中丢失了车票、护照和行李，可他还是成功登船了。航行的途中还发生了叛乱，他在和船员一起大逃杀时被抓。特斯拉被逮捕，陈述案情之后被认为无罪释放，最终在 1884 年 6 月 6 日到达纽约。当时他除了裤袋里的几美分、几首诗稿、飞行机计算稿，以及一封推荐信之外，一无所有。他心无旁骛地如追星一般，径直去拜访心中的英雄——爱迪生。在简单描述了他为爱迪生公司所做的工程工作之后，他也谈到了生产交流发电机的计划。

在特斯拉与爱迪生握手的时候，直流电已经在这个世界上使用了 10 年之久。直流电已全面覆盖曼哈顿，而且是人们用电的唯一选择。所以当特斯拉说交流电可能成为未来的电力时，爱迪生却认为他的计划只是一纸空谈且毫无必要。直流电已经达到了供电的目的，人们也喜欢这种方式，同时也为爱迪生的财务 J.P. 摩根赢得相当可观的收入。在爱迪生眼中，这是对于其现有工作的挑战，并不是值得赞扬的先锋科学技术，而是一种威胁。

尽管爱迪生抱有垄断的态度，他还是十分欣赏特斯拉，并雇用他作为电力工程师。特斯拉的工作从非常简单的工作开始，比如修理照明系统，但在几个月之内，特斯拉就成为爱迪生公司最具有价值的工程师，也解决了公司最棘手的各种问题，爱迪生称他为“一个厉害透了的人”。

1885 年，特斯拉告诉爱迪生他可以通过重新设计电机的几个重要零件，从而大大改善直流电机。爱迪生认为其所说根本无法实现，便承诺特斯拉如真能实现他的话语，便奖励他 50 000 美元。为了改进发电机，特斯拉没日没夜不知疲倦地工作，并将自己设计的几个零件安装进去。完成之后，这台发电机可以说是远远超越了爱迪生的发明。它的发电更为高效，更经久耐用，因此也更具有经济效益。爱迪生完全被这个改进所折服，然而当特斯拉要求爱迪生兑现他的承诺时，爱迪生却一笑了之，称之前的奖励承诺只是开玩笑罢了。

“特斯拉，你不懂我们的美式幽默，”爱迪生这么回答。后来，爱迪生只是为特斯拉每星期的薪水加了 10 美元，每周 18 美元而已。特斯拉对这个举动大为失望，于是立刻辞职了。这两位发明家一生的纠缠对抗也就此拉开了序幕——对此，爱迪生后来叹息说是其一生“最大的过错”。

被他最为信任的人欺骗之后，特斯拉孤身一人，陷入绝望，急于寻找一份工作求生。讽刺的是，特斯拉又在爱迪生公司从事开沟的工作，每天的薪资为 2 美元。他描述这个时期的生活为“整天头痛着流泪”，那段不愉快的岁月阴郁到让特斯拉开始质疑自己所获教育和所学知识的价值。尽管他当时已然心灰意冷，但是没有停止继续设计交流发电机和变压器的步伐，只是当时他缺少资金来打造模型和申请专利。

“一个超凡的天才现在靠开沟为生”，这样的传闻在曼哈顿的精英中散播开来。一批富有的投资者感到这可能是一次投资良机，于是慢慢开始接触特斯拉，支持他研发改良版弧光照明系统。尽管这对于特斯拉来说不是一个最理想的机会，但总比铲土要强得多。再加上，这一群投资人愿意出资设立特斯拉电气公司，所以特斯拉欣然同意了。作为一家新公司的所有人，他将自己的身心彻底投入到这个公司中，并研发出了一款独一无二的弧光照明灯，设计精美，易于使用。

一旦公司开始拥有了收益之后，特斯拉意识到自己其实被骗了。公司大部分的收益都流入投资人的口袋，而当特斯拉想要说服投资人赞助交流电机的研发时，他们不仅拒绝了他的想法而且将其驱逐出公司。特斯拉又一次被驱逐、免职、破产。但这时，他似乎开始转运了。

两个人开始接近特斯拉——阿尔弗雷德·布朗，西联公司的主管，以及查尔斯·派克，一位纽约律师，他们两位在 1887 年听说了特斯拉的交流电机理论和设计。特斯拉热情地描述整个系统的运作流程，从发电到传输。两位被他的解说震撼了，且同意为其项目注资。他们在爱迪生的公司旁为特斯拉建立了一间小小的实验室，在这里，特斯拉很快便研发出交流电机所需的所有元件。

特斯拉后来说："我在实验室里研发的电机，与我脑袋中一直以来构想的如出一辙。在改进构想的设计上，我压根没有花任何力气，只是原原本本地还原了我脑中的印象，并且它们运作起来也和我期待的一致。"

1887 年 11 月，特斯拉为他的发明提交了 7 项美国专利申请，这些专利太过创新，于是立刻通过了审批。这些专利由一整套发电机、变压器、传输线、电动机和照明配件组成，是电话发明以来最具有价值的专利。根据与投资人的协议，特斯拉将 55% 的专利拥有权转给了投资人。

特斯拉赢得了交流电机战役的胜利，但是这场战争还远远没有结束。

这个超凡的专利立刻传入了学术界。特斯拉很快就被邀请在美国电机工程师学会演讲。他的讲话是具有前瞻性和突破性意义的，而且非常实用。世界各地的工程师都因为这个事件而沸沸扬扬，从而引起了商业巨头乔治·威斯汀豪斯的注意，他是铁路空气制动器的发明者，一直希望能够将电力供应到整个美国，而他坚信交流电将会是供电和远程电力传输的未来。

威斯汀豪斯参观了特斯拉的实验室并提出收购其所有专利的想法：25 000 美元现金、50 000 美元的公司股票，售出的交流电机所发出的电能时，每马力（1 马力 =735 瓦特）将支付给特斯拉 2.5 美元版权费。这些条款足以让特斯拉感到满意——如果他的电机能够如他和威斯汀豪斯想象的那般成功，光是版权费的收入就能够让他跻身世界最富裕的人之列。

特斯拉欣然接受，并花了赞助款项中的一半现金来建立全新的实验室，在这里可以对整个国家安装交流电系统的建筑进行监管。这之后，特斯拉也迅速进入了他的“辐射能”的研究中。他的研究引领我们认识到当今所用的 X 射线，并将其运用到 X 光片的制作中。然而，特斯拉并没有广泛公开他的这个发现，这也是为什么后来人们把 X 射线归功于德国物理学家威廉·伦琴之因。而特斯拉还有许多其他被张冠李戴的伟大发现，X 射线只是其一。

特斯拉从来不是一个追求功名的人，他追逐的事物很单纯——发现和创造的快乐。他的想象力就好像是一间拥有无限资源的工厂，也像是一个充满无限可能性的、快乐的游乐场。他非常欣喜地看到像伦琴这样的先锋科学家探索全新领域的成果，也为他自己对他人提供帮助而感到欣慰。

特斯拉对于电力的变革必将重新定义世界的工业发展。爱迪生和摩根发起了广泛的宣传活动来诋毁交流电，爱迪生深知，只有压制住交流电才能让直流电得以生存。或者从私人的角度来说，爱迪生在直流电机的网络和布局上倾注了大量的金钱和情感。

爱迪生公开声称交流电安装入家中之后，6 个月内就会杀死客户；肆意散布有关分配交流电将会带来危害的宣传单页，并游说美国政府“为了公共安全”需将电压限定在 800 伏之内，这一点轻易抑制了交流电远程传输的布局。

爱迪生打击特斯拉的行为变得越发令人毛骨悚然。他开始在周末公开电击在街上游走的动物，以示特斯拉产品的危害性。他还指示两位技工去做同样的事，包括电死牛和马。这场病态的竞争最终在 1890 年达到了高潮，当时爱迪生使用威斯汀豪斯的交流电机来为一个持斧杀人凶手执行死刑。而且本该让囚犯致死的电压却因为操作失误，使他受了重伤，电击死刑只能反复执行。一位记者这样描述这个事件“骇人的表演，比绞刑还要可怕。”这种折磨人的死刑由此被称为“威斯汀豪斯死刑”，摩根和爱迪生当时还不断在媒体上大肆推广这个术语。

爱迪生毫无羞耻心的不道德行为让特斯拉感到恶心，于是特斯拉开始在实验室召开定期的技术展示活动，他用交流电通过自己的身体来点亮台灯。大众的观点摇摆不定，无法确认要相信谁。

在这个事件中，我们可以了解到为自己的创造争取利益是极有必要的。通过资本主义竞争的方式来摧毁特斯拉，摩根和爱迪生对此依然不满足，后来他们转而采取更堕落、腐败和阴险的方式。想象一下当时特斯拉面临的境况：世界上最伟大的、最有实力的金融家以及世界上最伟大的发明家，都在想方设法瞄准特斯拉的脑袋，并扣动扳机。大部分人可能就此悄悄隐退，或恳求饶恕，但特斯拉绝不是这样的人。

没有什么力量能够扼杀特斯拉创造的能力。受到 X 射线发明的鼓舞，特斯拉又将其所有精力投入到实现高频电力的工作中。20 多年前，詹姆斯 · 克拉克 · 麦克斯维尔就已经从数学层面证明了灯光是一种电磁辐射——也就是说，电力不断以极高的频率震动。1888 年，海因里希 · 赫兹曾证实了电火光能够释放电磁波。特斯拉深知，在这个还未被探究的领域能够取得惊人的发现——灯光将会变得更亮，电能的传输将更为高效，甚至能够无害地穿过人体。

这个全新领域的第一个里程碑便是后来被人们叫作“特斯拉线

圈”的发明。这种装置能够将普通 60 赫兹的交流电力增强到每秒上万赫兹的超高频率电力并产生超高电压。特斯拉用这种线圈发明了世界上第一个高效高频日光灯。但是比起他的下一个发明，这个日光灯也显得暗淡无光了。

1891 年，在特斯拉位于纽约的实验室中，他证实了能量可以通过日光灯在空气中进行传输。这个发现让特斯拉深深着迷，也点燃了他这一生致力于研究能源的热情。他很快就构思出了一个能源传输站网络，用来提供免费的、无线传输的能源，不仅能够覆盖全美，而且是全世界。

特斯拉的线圈发明还帮助他实现了另一个足以改变世界的发现：无线电波。当特斯拉将两个线圈调整到相同频率产生共振时，他发现自己竟然能够发送和接受信号。他并没有料到，自己可以发明出世界上第一个无线电发射机，做出第一个无线电传输装置，并在两年之内申请到了发明专利。

之后，特斯拉继续在超高频能源领域进行研究，并得出了这样一个结论：人类有能力找出一种无穷无尽的免费能源，将机械融入整个大自然的运作中去，这一切只是时间问题。

当特斯拉开始憧憬——超越想象的复杂电力时代正在迎来黎明时，他和威斯汀豪斯仍然在努力证明交流电是足以替代直流电的发明。“电流之争”开展得如火如荼，爱迪生所制造的恶意行为和不肯停歇的宣传战，把不利于交流电的媒体言论推向一个又一个高潮，但是交流电后来赢得了一个可以证明其价值的天赐良机。

西屋公司（又译威斯汀豪斯公司）中标 1893 年芝加哥世界博览会——历史上第一个全电气化的博览会。同时，该博览会还是哥伦布发现美洲大陆 400 周年的欢庆活动。由于特斯拉发明的交流电运作极为高效，威斯汀豪斯提案中的成本仅为爱迪生新成立的美国通用电气公司提案的一半。威斯汀豪斯使用了特斯拉发明的荧光日光灯，特斯拉甚至还想出了一个创意，将荧光灯的玻璃管烧制成各个字母弯曲的形状，组合在一起拼写出各位著名科学家的名字。这便是世界上第一个霓虹灯。

1893 年 5 月 1 日晚，2 700 多万人焦急地等待着欣赏电光世界的到来。当博览会主席格罗弗 · 克利夫兰按下了一个按钮，由 12 台功率为 1 000 马力的新型交流电机驱动的 100 000 多个灯泡随之亮起，将黑夜变为白天。参观者无不陷入震撼，将这个奇迹称为"光明之城"。

在博览会上，特斯拉将电流穿过自己身体的灯泡点亮，让几百万个参观者错愕不已。他甚至用自己发明的线圈在人群中制造出大型的无害闪电，受到了惊吓的观众们仍然乐在其中。特斯拉还演示了如何在不插电的情况下点亮灯泡，从而展示无线能源的功能。

一周之内，整个国家的人都在讨论交流电就是电气的未来。这场博览会是对与爱迪生直流电在"电流之争"战役中的致命一击。

1893 年下半年，威斯汀豪斯与尼亚加拉瀑布委员会签订合约，托付威斯汀豪斯建立利用瀑布能源的发电厂。委员会在此之前曾驳回和拒绝了来自世界各地的提案，审阅了各种各样的方案，从利用气压压力，到建造像绳子、弹簧、滑轮的怪异设备，无所不用其极。开尔文勋爵——英国著名物理学家，也受邀前往委员会审阅提案，在视察了特斯拉的发明之后，他非常确信瀑布正是创造交流电力的必需品。

这对于特斯拉来说是最为向往的工程，而威斯汀豪斯也将从该合同中获利。建造工作马不停蹄地开展起来，特斯拉一开始就能够预想到它的成功。但是工程进度十分缓慢，因为项目本身危险，而且受到了压力、质疑、经济危机等各种因素困扰，尽管此项目拥有像 J.P. 摩根、罗思柴尔德勋爵、约翰·约伯·奥斯塔、W.K. 范德比尔特这样豪华的经济赞助团队。5 年之后，工程接近完成，但是投资人却对于那些昂贵的、还未被证实的机器抱有消极的态度，特斯拉向他们保证所有的机器都能够像他大脑想象的那样顺利运作。

一年之后，尼亚加拉发电厂蓄势待发，当一切启动时，所有的焦虑和担心都随之化解。第一批电力在 1896 年 11 月 16 日的午夜，被传送到离水电站 35 公里之外的美国水牛城。在这之后，将电力传输至纽约的计划也马上提上了日程。特斯拉由此被全世界公认为英雄，并被称为“西方魔法师”。

持有爱迪生直流电专利的摩根，现在完全相信交流电已经彻底超越了爱迪生的发明。他向威斯汀豪斯提出交易。其实，摩根根本不在意这个世界使用的到底是哪种电力，他在意的是自己的掌控权。

摩根的一个经理查尔斯·考芬沾沾自喜地向威斯汀豪斯介绍了摩根当初是如何轻而易举地建立起爱迪生的垄断行业——贿赂当地官员、安装昂贵到无法更改的电力系统。考芬说，这样的做法也可以被移植到威斯汀豪斯的交流电系统上。威斯汀豪斯断然拒绝了摩根的交易，并声明，双方的商业模式根本无法达成共识。

摩根又想出了一个策略进行报复，这个策略体现了他一直以来的性格特点。他向华尔街散布谣言，说西屋公司财政状况不稳定，这导致了投资人不再向威斯汀豪斯注资用来扩大交流电机的生产和安装。摩根之后又开始通过操控股票进行打击报复，后来持股享有对西屋公司以及特斯拉专利的控制权。

1897 年底，威斯汀豪斯几近破产，摩根几乎侵占了特斯拉和威斯汀豪斯共同建立起来的一切。威斯汀豪斯拥有特斯拉 100 多万美元的版权费，而且这个数字每日不断增长。当威斯汀豪斯向特斯拉描述这个绝望的境地时，特斯拉用这段话来回复他：

“威斯汀豪斯先生，您是我的朋友，在他人都质疑我的时候您选择相信我；在他人都缺乏勇气的时刻是您鼓起勇气一往直前；当您自己的工程师认为我们事业的未来希望渺茫时，您还是选择支持我……这是您事业的契约，也是我的契约，我会把打击我们的人撕成碎片，让您不再对我的专利版权费抱有任何困扰。”

不久之后，原本可以让特斯拉成为成为了世界上第一个亿万富翁的专利版权费却被用来保全威斯汀豪斯的公司。特斯拉的无私行为是其慷慨、善良为人的最好佐证，他仍然相信凭借自己，可以继续创造成功的未来。他确信，自己的最佳成果就在不久的未来，他很快就会发明出足以让万物相形见绌、让世界震惊的发明。

这就是想象力的美妙之处。人生旅程中的一段绝境其实是开辟另一段道路的机遇。只有当我们感到创造力枯竭，无法成就具有相同价值的、引人注目的发明，丧失想象所赋予我们的能力时，失去所拥有之物才会对我们造成真正的伤害。

“很多时候我的内心有一种幻想，这是年轻的、充满欢愉的年轻人才有的东西，但是当我足够幸运到将自己内心的幻想转变成现实，那就足以代表了整个人类的能力。”特斯拉这样写道。

特斯拉的想象力促使他将大部分努力都付诸于无线电、高频电和射线的研究中。他制定的各项公式为宇宙射线的发现打下了基础，他还发明了一种用于内燃机引擎的电子点火头，或者被叫作火花塞。

1898 年，特斯拉宣布了他的最新发明——应用无线电技术远程控制机器，可是这却遭受到广泛质疑。当特斯拉在麦迪逊广场花园演示了遥控一艘金属小船进入室内小水池之后，质疑声也就很快消散了，很多观众当时认为是特斯拉在用他的意念操控小船。

这种全新的无线电技术可以被应用到很多事物上，特斯拉构想了一个或几个操作员可以通过被调至不同频率的无线电发射器和接收器来指挥大量的轮船或机器。当《纽约时报》编辑提出特斯拉的发明可以应用到战争中来创造遥控鱼雷时，特斯拉立刻反驳道：“你不会看到无线鱼雷，你首先看到的是机器人的赛跑，机器人代替人类体力劳动的赛跑。”

特斯拉的朋友们勉强出资为其在曼哈顿筹建了一个全新的实验室，在那里，丰富的想象力引领着他开始研究地球共振。有一次，他不小心引发了地震，致使附近的城市街区塌陷，窗户破碎，墙壁灰泥震落。他宣布知道了如何将地球变成一个巨型调音叉，应用此理论可以粉碎帝国大厦，甚至可能将地球变成“一个掰开的苹果”。

特斯拉开始怀疑我们星球的上层大气因为其稀薄、易传导的特性可以被用来远距离传输电力。他决定将这种可能性探究到底，为了避免不让周围的建筑和人类陷入危险，他可能需要在隔绝的地方重新建立实验室。

由于特斯拉的朋友、专利律师莱昂纳德·柯蒂斯和富豪约翰·雅各布·阿斯托出资，特斯拉和几个助理搬到了科罗拉多州斯普林斯市，开始建造一个全新的实验研究工作站。他告诉当地记者计划向巴黎发送无线电信号，除此之外没有提供其他细节。

在实验室建造期间，特斯拉研究了闪电现象，并创造了当时最重要的发明。他发现地球其实本身自带“电性震动”，因此可以将整个星球投入震动状态，就像调音叉一样。特斯拉完全肯定这种现象可以被应用到世界各地的无线电力和远程信号的传播，而且不会出现信号丢失和退化的情况。

“当这个巨大的真相意外地被我发现，而且用实验性的方式广泛证实这个爆炸性的事实时，我们的星球对于电流来说，与一颗小小的金属球并无二致，这个事实可以衍生出非常多的可能性，每一种对于该可能性的疯狂想象和无法预估的后果其实都完完全全可以被实现。”他这样写道。

新实验室的最显著特征就是其高约 25 米的木质高塔，上方还建有被一个巨大铜球覆盖的高约 43 米的金属天线塔。高塔里放着世界上最大的特斯拉线圈，用来向地球发送强力电波。

为了进一步测试其地球传导性的理论，特斯拉需要制造闪电等级的电力效果。后来特斯拉成功制造出了世界上最大的人造电击，从实验塔顶发射到 30 多米高的空中，当地电力公司的电机设备也因此全部停工。该实验是特斯拉令人瞩目的成就，他创造的闪电“成为了贯穿全球的一股电流”，证明他能够将电力传播到这个星球的任意一点。

在接下来的 9 个月中，特斯拉在科罗拉多州斯普林斯市进行了多种多样的实验。他将 40 公里之外的 200 盏灯以无线的方式点亮，证明了电力可以通过空气进行远程传输。通过将超低频信号传输到地球表面和电离层之间的空间，他计算出了这个区间之内的共振频率为 8 赫兹左右——这个发现虽然在特斯拉的时代被人忽略，却在 50 年之后被正式认可。特斯拉的研究表明如果他一旦将电波成功发送到 80 公里外的高空中——也就是电离层中，该电波就可以作为全球电力的供应源。

有一天，特斯拉工作到很晚，无线电接收器接收到一串奇怪的有节奏的信号，他无法解释该信号的意义。但有一点是肯定的：信号的节奏表明它并非自然发出的。特斯拉推断到该信号一定是从其他星球传来的。当他公开发表这次的意外发现时，很多人都认为他的观点是无意义的无稽之谈。

1900 年 1 月特斯拉离开科罗拉多州斯普林斯市，回到纽约之后，他为《世纪杂志》撰写了一篇文章，引起一片哗然。该文章中，特斯拉描述了在未来他准备利用太阳能量转变为电力后控制天气，他准备用一些机器让战争成为无法发生的事，他准备用无线的方式将能量和无线电信号传输到整个世界，甚至促成各行星之间的交流，他还准备打造不受操作员控制、可以独立行动的“机器人”。对当时很多读者来说，文章里的构想几乎是难以理解的，但是特斯拉却完全相信他的所有计划，甚至坚信他能够成功实现所有的想法，而且他知道怎么做。

这篇文章引起了 J.P. 摩根的注意，他要求拜访特斯拉。特斯拉与摩根见了面并解释道，他可以建造一个无线通讯的“世界系统”来传播各种电话信号、新闻、个人信息、加密军事通讯，甚至是世界每个角落的图像。“当无线技术被彻底地应用时，地球就变成了一个能够对任意地区产生反应的巨型大脑。”

摩根出资建立发电厂以及传输塔，帮助特斯拉实现他的“异想天开”。有人认为特斯拉会拒绝摩根提供的一切赞助，因为摩根根本不能够被信任，因为他可是当时“电流之争”操盘打败特斯拉的幕后黑手。三年前，摩根还通过操控股权“偷”走了威斯汀豪斯公司，把本可以让特斯拉致富的专利版权协议付之一炬。然而，特斯拉却转而与摩根合作，这个决定后来成为特斯拉此生最大的错误。

特斯拉预估建造发电厂和传输设备的费用为 100 万美元，但摩根却只资助了 15 万美元，并要求对特斯拉拥有的及未来的电力照明、无线电报和电话通信相关专利和发明持有 51% 所有权。特斯拉接受了摩根苛刻的条件并立刻着手工作。

特斯拉在长岛海峡的悬崖获得 200 英亩（约 1214 亩）土地，1901 年 12 月开始发电厂项目的建造工作。这次项目的标志性特征就是在 57 米的高塔顶上放置着一个 55 吨的钢球，其中安置了巨型特斯拉线圈。高塔下方是深入地表之下 37 米的深井。16 个金属杆将会被启动，并将电流传输至地表下约 92 米。“机器需要紧紧抓住地表，否则就不能动摇地球。它必须紧紧抓住地表，只有这样地球才能发生颤动。”特斯拉这样说道。

沃登克里弗塔（特斯拉塔）的建造进度缓慢且代价昂贵。由于此项设计不同寻常的特点导致了各项设备在输送过程中出现延误，这让特斯拉备受煎熬。1903 年，特斯拉塔的结构接近完成，信号发射器也运行正常。测试启动时，该区域里的居民表示看到了“各式各样的闪电”从高塔的顶端发射出，整个天空“填满了刺眼的线条，它们带着神秘的使命一直通向远方的黑暗里。”

“接近竣工时，纽约的商人就能够发出指令让这个机器发送的物质以某种形态出现在他伦敦的办公室或是任意地点。”特斯拉在一次采访中这样描述。“这个人能够在办公桌前拨出电话，与世界上任何一个拥有电话的人通话，而且无需将现在的设备做出任何改变。那是一个便宜的设备，和一块手表一般大，穿戴这个设备的人能够听到世界上任何地方传来的声音，无论是在海上、陆地上，无论传来的是音乐还是演唱，无论是一位政客的演讲，还是一位著名科学家的演说，也可以是一位振振有词的神职人员在布道，这些声音从远方传过来，无论多远。以同样的方式，任何照片、文字、图画、印刷品都可以从一个地方传输到另一个地方。然而更重要的是，能源也能够被传输，以无线的方式，之后我会以更大规模的形式演示并证实这一点。”

在项目完成的紧急关头需要一次设计上的修改，然而这需要更多的资金支持。特斯拉已经向摩根申请到了两笔贷款，这两笔资金全部耗尽之后，他再次向财务申请额外的资金。为了说服财力雄厚的摩根再次出资，特斯拉说明了该高塔还可以做发送无线电信号之外的事——高塔可以让整个地球充满了对生物无害的电力，任何人只要将电线接入途中就可以获取可用的电力。

摩根仔细斟酌了特斯拉的话，冷冰冰地回答道：“如果每个人都能够获取电源，我们怎么来度量用电量？”他拒绝了特斯拉的资金申请，迫使特斯拉动用他的私人资金，而特斯拉深知要完成整个项目靠自己的资金是远远不够的。特斯拉没有退缩，他开始接触其他潜在的投资人，包括约翰·雅各布·阿斯托，但是没有人愿意接受一个被抛弃的项目，而且是被目前美国最有影响力的人否认的项目。尽管特斯拉没有放弃努力，但是却慢慢地看到了特斯拉塔的梦想正在一步步接近消亡。仅几个月后，1904 年，美国专利局剥夺了特斯拉的无线电专利，并将此授予给了意大利发明家古列尔莫·马可尼。马可尼 11 年前运用特斯拉发现的无线电技术将字母“s”以摩斯密码的方式发送到 3 218 公里之外的地方，但是那时没有人授予其任何专利。那么现在又是什么给了他专利呢？他的财政支持来自摩根、爱迪生以及钢铁大亨安德鲁·卡耐基，这些人都在不同层面上操控着政府作为。1905 年，特斯拉资产殆尽，不得不辞退所有的特斯拉塔员工，并关闭了设备。很多新闻报道都描述他为“愚蠢的百万富翁”，对此，特斯拉回应道：“特斯拉塔是科学电子工程的壮举，只是昂贵了一些……对于这个盲目的、漠然的、充斥着怀疑的世界。”

然而，特斯拉的挫败无法掐灭其想象力和其对工作的热爱之火。他将工作重心转移到商用器械上，1906年，在特斯拉50岁生日那天，他向世人展示了功率 200 马力的无叶片汽轮机。同时，他和华尔顿手表公司签订合约建造了世界上第一个也是唯一一个空气阻力计速器，并被授予了专利。

马可尼因为无线电上的成就在 1911 年获得了诺贝尔奖，并成为“无线电之父”。特斯拉因此大怒，1915 年，他以专利侵权罪起诉马可尼。然而特斯拉根本没有资金来对付马可尼，所以这桩官司也不了了之，同一年，特斯拉和爱迪生同时被授予诺贝尔奖，但是两位都拒绝一同领奖，也不愿接受另一方比自己先行领奖。

一年之后，特斯拉因为拖欠大额税款不得不宣布破产，媒体因此纷纷贬低他为身无分文的魔法师。备受羞辱和打击的特斯拉很长时间都待在纽约市立公园，救护受伤的鸽子，并在自己当时居住的纽约客大饭店的房间中照顾它们重回健康。这又引起了流言蜚语，传言他已经丧失理智，再也无法从他的天才大脑中发明创造了。但是他们都错了。

《纽约先驱论坛报》在 1911 年 10 月 15 日发表了题为《特斯拉再次向机械领域进军》的文章，提及特斯拉正在研发一台飞行器，它“既没有翅膀也没有推进器”，还不会携带任何燃料，其造型类似瓦斯炉。利用特斯拉之前发明的回转效应引擎，并借助“他还不想透露”的设备，这台飞行器能够“以前所未有的高速，朝任意方向在空中安全飞行，不受天气因素干扰，也不受空气中未知‘孔洞’的影响”。而且，这台飞行器还能够“在空中，甚至在大风中保持长时间的绝对稳定。”

阿利斯钱伯斯——美国一家制造公司，以及西屋公司的铁路与照明分部，与特斯拉签订合约建造其设计的飞行器，但是这个项目却因为未知原因根本没有启动。

1917 年，第一次世界大战爆发后，美国政府正在寻找侦查德国

U 型潜艇的方法，并任命爱迪生负责解决该问题。然而，后来是特斯拉提出应用无线电波的方式侦查船舰，这也就是世界上第一个有关雷达的论述。爱迪生认为这是荒诞之言而否决了特斯拉，于是人类又等待了近 20 年，直到埃米尔 · 基拉多发明了无线电障碍定位设备，据基拉多所说，该发明也是“根据特斯拉理论而来”。

1920 年之后的 10 年时间里，特斯拉都担任工程顾问的角色，常常因为其规划和设计的“不实际性”而与领导发生争执。1928 年，特斯拉 72 岁时获得一生中最后一项专利——“空运装置”。这个极具设计独创性的飞行器是直升机和飞机的混合体，能够装载 800 磅（362.87 千克）的货物，垂直上升，通过引擎的旋转而像飞机一样飞行，是当今被称为“斜旋翼飞机”或“垂直短距起降飞机”（VSTOL）的前身。不幸的是，特斯拉因为资金不足而无法建造该发明的模型。

1931 年，《时代周刊》在特斯拉 75 岁生日时把他作为封面人物，爱因斯坦称他为“高频电流领域的先驱者”。就在那年，特斯拉宣布他即将发现一种全新的能源，当媒体请求他多描述一些细节时，他的回应是：“这个发现刚显现时，我自己也震惊了……我只能说它是至今为止全新的、人们所料未及的一种能源。”

第二年，皮尔斯埃罗汽车制造公司和乔治 · 威斯汀豪斯赞助特斯拉研发一种车用电力马达。特斯拉建造的马达仅 1 米长 0.7 米宽，能够产生约 80 马力的电能。藏在引擎盖下方的就是汽车引擎，它是一个小巧的 12 伏蓄电池，以及两根从马达通向仪表盘的粗电线。

特斯拉将电线连接到一个小黑盒中，小黑盒中的元件是他一周前从当地无线电商店购买的。“我们现在有电了”，他说。这个神秘的装置被用于为其汽车提供的速度达到 145 公里 / 小时。特斯拉不让任何人检查这个小黑盒，并且带有神秘色彩地说该装置利用的是一种“由乙醚转化而来的神秘无线电”，而且这种能源的供应量是“有限的”。社会大众用“黑魔法”“宇宙邪恶势力同盟”的迷信说法来形容这个装置。遭受了如此的羞辱，特斯拉带着他的小黑盒重回纽约，并再也不曾提及它。

这期间，欧洲又开始发动战争。特斯拉一直以来都怀抱着能够让战争变为无可能的梦想。1934 年 7 月 11 日，《纽约时报》发布“78 岁的特斯拉发明死亡光线”的头条新闻，并描述特斯拉发明了新型的“远距离打击武器”，它能够“在大气层中发送压缩粒子光束，这种光束所散发出的能量能够从 400 多公里之外摧毁 10 000 架敌机……”特斯拉说，一旦每个国家都拥有自己的“隐形长城”，那战争就会变得难以实施。

该报道引发了前所未有的争论，特斯拉被广泛指责为是一个正在丧心离职的“疯狂科学家”。但是特斯拉还是没有因此而受挫，他再次向 J.P. 摩根的儿子申请资金建立该发明的模型，意料中地没有成功。传言特斯拉引起了英国首相内维尔·张伯伦的兴趣，但是当张伯伦引咎辞职之后，仅存的希望也就此蒸发了。

眼看着人们都对于特斯拉用于“结束战争的超级武器”毫无兴

趣，他恨不得志，便向几个盟国发送了详细的发明解说，包括美国、加拿大、英国、法国和苏联。但是没有一个国家愿意投资建造该装置。两年之后，该发明的中间设计被苏联进行测试实验。

1943 年 1 月 5 日，特斯拉在他纽约客大饭店的房间门外挂了一块“请勿打扰”的标识。两天之后，标识仍在。酒店服务员进入房间后发现特斯拉躺在床上，已经过世，享年 86 岁。尽管特斯拉一生拥有超过 800 项专利，从真正意义上说创造了 20 世纪，但他还是身无分文地孤独地死去。

当特斯拉的表亲第二天早晨到达特斯拉房间时，特斯拉的尸体以及他的个人物品已经全部被清理。各种资料和笔记都已失踪，包括一本记录着上千页技术研究结果的黑色珍贵笔记本。两天后，美国外侨资产管理局接管了特斯拉所有的财产，由于他的文件中包括多项发明和专利，而被美国战争部门设为最高机密。

爱因斯坦说“想象力比知识更为重要”，因为“人类所能知道和理解的知识非常有限，而想象力可以拥抱整个世界，甚至可以拥抱所有不为人知、不为理解的一切。”

所有伟大的天才都在以他们的方式发挥着无穷的创意。他们能够吸收已知的事物，并敢于梦想一切全新的可能性，并将可能性实现成真。每一个被解开的数学谜团，每一首交响乐的创作，每一台革命性机器的发明，每一条智慧哲理的呈现，每一家成功企业的诞生……都来源于一个充满无穷想象力的人。

马卡斯·奥里欧斯说，“生活的颜色是由其想象力的颜色所决定的”，而我们通往成功的旅程也一定如此。停下脚步，花一秒钟来想一想那些走在人类前列的先行者。地球已经被彻底征服了，那些曾经被认为是激进主义的关于平等、容忍、尊重个体的哲理，现在已被大多数的文明国家所接纳。有关原子的知识让我们将星球上的一切生物区分开来。接下去会发生什么呢？让我们期待那些富有想象力的天才们来为我们揭晓答案。

那么，什么才是想象力？米开朗基罗说，他曾在大理石中看到一个个天使，因此他才在大理石上进行雕刻，恢复天使们的自由。我们中的大多人认为创造力是一种人类所不能解释和培养的神秘天赋。但是我们错了，就像天才一样，创造力是过程之力而非天赐神力。

培养创造力的秘密

鲍勃·迪伦的《像一块滚石》，莎士比亚的《哈姆雷特》，贝尔发明的电话，毕达哥斯的理论，等等。

他们为什么会有如此独特、深刻的想法呢？嗯……有一个答案也许可以解释，但可能不是你想的那样。

史蒂夫·乔布斯说：“创造力是将事物联系起来”。萨尔瓦多·达利说：“那些没有模仿欲望的人是不可能有所创作的。”毕加索说：“优秀的艺术家善于模仿，但伟大的艺术家是神偷。”马克·吐温说：

“所有的观点都是二手的，有意识地或潜意识地从外界百万种资源中获取的。”没有任何一种充满想象的事物是凭空出现的——不管它是机器、图画或是哲理。电报的发明经历了上千次的努力，最后一个能够加上一笔灵感的人才能获得成功。

当你开始将创造力看作是一种融合的过程时，将想象力看作是一种连接、延伸、用崭新的方式将事物结合的能力时，那么创造能力就会变得不那么神秘了。一个具有创造力的天才比普通人更善于将独立的各个点连接起来。

这就是为什么说启蒙时代的咖啡馆和现代主义的巴黎会所都是创造力的诞生之地了，这些地方汇聚了来自不同背景、不同地区、拥有不同特长的人，他们共同交流、借鉴各自的观点。

不要把创造力或是想象力与思考画等号。雷·布拉德伯里说过，“思考是创造力的敌人，因为思考是具有意识性的”。当你在思考的时候，你往往会正襟危坐，试着将你的想法以结构式的、具有逻辑性的方式进行推理。而创造力运行的方式完全不一样，一旦你转换到运行创造力时，你大脑中的事物可能陷入混乱的状态，一个个想法开始嗡嗡作响，并以图像的形式在你大脑中显现。各种数据的碎片将会自然而然地拼凑起来形成特有的轨道。我们的思维就会被拖拽到某一个方向，突然间，直觉带领我们飞向一个又一个地方。各种素材相互冲撞又相互融合，消失了又再现了。这种混乱的状况对于创造的过程来说是必不可少的。当各种信息的碎片以独特又和谐的方式汇聚到一起时，那就是取得突破之时。

“我们最初的尝试都来源于一种具体而又混乱的自发想象力，”特斯拉这样写道。“当我们慢慢成长，事物的缘由自然而然地显现，我们就会变得越来越系统化、有远见。早期的冲动带来的成效并不会很快显现，但却是人生最精彩的瞬间，同时也必将塑造我们的命运。”

有一种说法叫“组合式创造力”。在你有能力将点连接起来之前，你首选需要拥有那些“点”。你对这个世界了解得越多，你才会拥有越多的资源和素材。特斯拉将自己沉浸在电力的世界中，他阅读了上千本书籍，他进行了上万次试验，写下了大量的笔记。你拥有的知识和经验越是多元化，你就越有可能去创造更多新颖的衔接方式，也越有可能迸发崭新的观点。

我们的大脑拥有“异花授粉”的巨大能力，也就是说我们拥有一种强大的能力，能够将看似完全不相关的事物连接起来，用独特的方式解决问题，或构想出新的创造发明。爱因斯坦将其在物理学上的突破都归功于他敢于打破常规，他相信正是这种个性才帮助他以一种与他人截然不同的方式将观点串联起来。

我们捕捉到了天才代码的最初特点：好奇心。这是让人类更具创造力的必要部分。我们需要在生活中扩大兴趣爱好，寻找全新的、有趣的体验，不管这种体验有多单调多普通，或是在他人眼里多没有意义。我们需要阅读各类书籍，看纪录片，与他人讨论你的观点。无论是何种主题，不管有多专业多深奥，都没有限制。因为你永远都不知道你的想象力拼图究竟会在哪里找到那块合适的碎片。

亨利·福特说："空气中充满了各种思想。他们总是在敲击着你的大脑，你只需要知道你想要的是什么，然后忘记你的想法，继续生活。总有一天，想法会自然而然浮现，因为想法一直都在那里。"

将你自己沉浸在多种多样的想法、事实、艺术和故事中，再将你的理解通过不同的方式拆开来，孕育出看似荒诞的观点，这样才能赋予想象力生命的活力。当你这么做了，没有人能够预言你可以为这个世界带来什么，你会以怎样的方式来改变世界。或者，就如特斯拉所说："从遥远星球传来的一束简单的光线照在过去某君王的眼睛上，这也有可能改变他的一生，也可能改变整个国家的命运，地表也可能发生转变，因为大自然的演变过程就是如此精密、如此错综复杂。"

找到人生探险的召唤需要好奇心，向未知领域的进发需要勇气，而蹚出这前进的道路需要的是想象力。就如特斯拉所做的，努力实现你所构想的事物，无论需要花费多少精力，或者这过程中有多少人试图阻止你。

你的努力会在旅途的哪个尽头出现成果？你将会从哪里离开先人为你铺好的道路，你又准备走向何方呢？你将如何面临祖先所面对过的问题，你将会去做哪些他们没有做过的事呢？你的尤里卡灵感将会在何时显现呢？

天才能够大胆地回答以上的问题。天才敢于无边无际地想象各种可能性，并将我们的文化带入还未涉足的地方。相信你也能做到。

5

专注目标·门洛帕克的魔法师

“射有似乎君子，失诸正鹄，反求诸其身。”

——孔子

每一次探险的过程中，都有一刻，我们从此无法回头。如果一个英雄准备好勇往直前，那他就必须抛弃原本熟悉的生活方式，并全力以赴面对迎面而来的事物。

多萝西住在只有一个房间的屋子里，这个屋子所在的北美草原却由于阳光直射，没有一草一木。她和他的叔叔婶婶共同住在这个房间里，唯一的幸福源泉就是多萝西养的宠物狗托托。某一天，一阵龙卷风把多萝西带入名为奥兹的矮人国，那里草木茂盛。为了回家，她必须进入翡翠城找到神秘的奥兹魔法师。

罗马帝国违反了与迦太基签订的土地条约，汉尼拔·吉斯戈通过围攻罗马盟国萨供托进行打击报复。罗马帝国要求迦太基对汉尼拔进行审判，被拒绝后罗马对其宣战，第二次布匿战争就此拉开序幕。汉尼拔手下的士兵人数远远抵不过强大罗马帝国军团，但是凭借着他卓越的军事头脑和胆量，几乎将罗马帝国推向崩塌的边缘。

悉达多·乔达摩出生在一个印度皇室家庭，本可以享受优越、富裕的生活。一天，他离开了自己的宫殿与属下会面，第一次体察到人类社会的疾苦，有感于生老病死的逼迫。原本乌托邦理想国的理念就此破碎，这也成为了他走出宫殿的动力。最后，他的自我意识驱使他逃离受庇佑的、尊贵的宫殿生活，号召世人共同追求解脱的生活。

以上所有的探险家都有他们的目标：回家的目标，毁灭强大统治者的目标，唤醒世人的目标。目标的设立加速了行动，因为目标赋予了探险的意义。只有在目标的带领下你才能找到自己的潜能从而穿越卢比肯小道[1]，通向成功。目标就是你为探险旅程所设立的一个个里程碑，从而决定了你能走多远，并能够告诉你完成了哪些有价值的事情；它是一个巨大的容器，你把好奇心、想象力、热情和汗水投入其中，你也会被赋予更多动力、激情和快乐，作为回报。

爱因斯坦曾经说过如果你想要过上快乐的生活，那就将生活与目标紧紧维系，而不是与人或时。这也是迄今为止最伟大的发明家——门洛帕克的魔法师的人生哲言。

1 世界10大经典越野场所之一。

一辆客运列车“咔嗒咔嗒”地从休伦港驶向底特律，在拥挤的行李车厢角落里，12岁的托马斯 · 爱迪生抱着一个快要散架的桌子，那是他实验室的临时替代品。此刻的他正在实验一种标记为“毒药”的化学危险品，这可是他偷偷带进火车的。

这个狭窄的空间同时还有一台印刷机，它是爱迪生用当地报社废弃的零部件组成的，小爱迪生之前还用它在印刷自己的报纸——《先驱报》。他将报纸、附带农产品以及其他小物品一起卖给每天乘火车上下班往返的人。

这一天，爱迪生已经卖完了今天的商品，就如他每天所做的一样，他开始利用剩下的4个小时在火车上学习，进行初级的实验。这些实验大多都是受牛顿和其他科学家的出版物的启发的。然而列车行驶颠簸，时常出现危险的脱轨现象，但这也无法阻挡爱迪生为科学调查进行危险物质的实验。

当火车经过拐弯处，行李车厢突然倾斜，架子上好几瓶化学品摔碎在地板上。爱迪生眼睁睁地看着他们混合在一起，顷刻引起大火，即将吞噬周围的行李箱，但却手足无措。受到惊吓的爱迪生慌慌张张地找寻可以用来灭火的工具。然而列车长在他扑灭之前闯了进来，痛打了爱迪生的头部一侧——也就是爱迪生患有听力障碍的源头——扑灭大火之后，将爱迪生连同他所有的装备一同扔下了火车。

这段经历对爱迪生而言似曾相识。6 岁时，爱迪生放火点燃了父母的农庄，只是想要“看看会发生什么”，这让他尝到了父亲用桦树枝在众人面前痛打他的滋味。后来这根树枝又被拿出来用了好几回，以至于树皮最终都脱落了。

然而爱迪生仍未停止，他把实验室搬到了父母的地下室，继续在火车上售卖报纸和其他小物品。他对书本的广泛涉猎不知不觉吸引他研究电力、机械、化学、制造业和科技。当时新近发明的电报尤其使他神魂颠倒，爱迪生每天花数小时在火车站闲逛只为了仔细聆听打进来的信号。

有一天，火车站站长的孩子闲逛到了一条即将驶入列车的轨道上，对于即将面临的危险毫无知觉，是爱迪生英勇地拯救了这位学步小孩。火车站站长作为感激，教爱迪生如何使用电报机器。不久之后，爱迪生就用废金属建造了他自己的电报机，并用这台机器练习摩斯密码。坚持不懈的练习最终为他争取到了当地西联公司电报办公室的职位。每天晚上，爱迪生都在联系接收有关内战的新闻报道。

几年内，爱迪生周游了整个国家，从一个小小的电报助理晋升为一级接线员。他把每一个日日夜夜都花在练习转录和发报，学习一系列工程文本和进行试验上。后来，在阅读了法拉第关于化学、电磁学领域开创性的作品后，爱迪生终于形成了一个聚焦的人生目标：致力于找到让生活变得更为美好的方法，而不仅仅只是分析一些原理。

20 岁时，爱迪生在西联公司波斯顿办事处工作。尽管工作强度大，他的笔记本上仍然写满了各种发明创造的构想，有些天马行空，有些却具有实操性。1869 年，就是在这个办公室，爱迪生获得了他人生中第一个美国专利——电子计票器。该发明并没有在商业上取得成功，但是爱迪生并没有灰心丧气，他通过一份国家级报纸向全世界宣布自己将从西联公司辞职，专心“孵化他的发明”。尽管当时爱迪生的生活捉襟见肘，他还是在那一年搬去了纽约。他的朋友让他睡在华尔街一间办公室的地下室。

爱迪生将他好学的大脑转向证券行情自动记录收报机上，花大量的时间来研究它的运作原理，思考如何改进这种收报机。当爱迪生碰巧听说黄金指标公司所持有的行情自动记录收报机出现故障时，他的勤奋终于能够收获回报。他主动提出修理机器，并成功完成。该公司对他的工作赞赏有加，并以每月 300 美元的薪资聘请他作为主管人。然而这笔意外之财也只是昙花一现，由于该公司的高层调动，爱迪生也被迫请辞。

被开除后不久，爱迪生便发布了他人生中第一个成功的商业发明：改良版证券行情记录收报机，该机器被称为“通用证券报价机”。当他正期待着别人用 3 000~5 000 美元来收购他的发明时，黄金及股票电报公司以 40 000 美元的高价买下了它——相当于现在的 100 多万美元。

对这次意料之外的成功，爱迪生欣喜若狂，他马上搬到了新泽西州的纽瓦克市，做起了股票报价机和与打印电报机相关的生意。同时，他还专注于一些全新的发明，包括能够发送预置信息的新型自动电报机，这比传统手动发送摩斯密码高效得多；以及研究水下电报电缆，一根电缆就能够胜任多个普通电缆的工作，爱迪生将这个发明以 30 000 美元的价格卖到了大西洋太平洋电报公司；还有使用碳粒来通过电缆传输声音的麦克风，以 100 000 美元的价格卖至西联公司；同期的发明还包括电话接收设备的鼻祖，当时被叫作电子传声机（electro-motograph）。

可以说，爱迪生在 27 岁时就已经完成了他改善生活的目标，这要归功于他惊人的早期发明，然而爱迪生对于成功的渴求促使他不断进步。于是，1876 年，爱迪生搬入了位于新泽西门洛帕克的一间实验室，他发誓要在这里每 10 天完成一个小发明，每 6 个月完成一个重大发明。爱迪生尤其把自己投入到改进电报和电话技术的工作中，研究一台可以将电报信息转译并印压到纸带上的机器，从而再次发出电报内容。这项小小的改进发明让爱迪生注意到自己也可以通过相同的方式，回放电话后将信息记录下来。1877 年，爱迪生用一台电话接收器，两个针头和一个锡箔筒就完成了这个构想。为此，他收到了 10 000 美元的生产费，也获得了销售权，并拥有销售额 20% 的利润。

之后的几年里，爱迪生继续专心研究留声机，但是很多其他的项目不断地吸引着他的注意力。当时爱迪生拥有被他称作是“失眠小组”的 60 位雇员——他们没日没夜地专注于研究新发明，在一年里就申请了近 400 项专利。

爱迪生对于“改善生活”这个目标拥有无穷无尽的追求，这带领他取得了下一阶段的知名成就——发明电灯。电光源其实在 19 世纪初期就已经存在，但是 1878 年前发明的电灯泡，因为太昂贵、需要过多能源，以及损耗过快无法投入商用。因此，当时大部分的人还在使用蜡烛，或是冒着黑烟、呛人的瓦斯灯。

在经历了长时间的实验后，爱迪生勇敢地向世界宣布他能够发明一种安全、无味、廉价的电灯泡，装进美国的每家每户。但是他需要解决的一个谜团就是灯泡中的细丝。什么材料能够燃烧时既发亮又干净，还能够在不耗费过多电能的情况下持久耐用呢？

这一次爱迪生将可能对人类生活做出永远的、深远的改变，在这个机会的驱使下，爱迪生派人进入亚马逊的丛林以及日本的森林中，为的就是寻找灯泡燃丝的最佳材料。他对成千上万种植物和蔬菜进行分析，在经历了整整一年的摸爬滚打之后，他终于找到了解决办法。1879 年，爱迪生在该项目上的投入已经超过 40 000 美元，进行了超过 1 200 次实验，终于迎来了首次重大突破。使用碳化棉线灯丝的灯泡可以持续亮灯接近 14 小时。

这次成功让爱迪生大受鼓舞，他非常确信自己能够做得更好。因此，他继续寻找理想的灯丝，几个月后，他发现了碳化竹灯丝能够亮灯超过 1 000 小时，可谓奇迹般的进展。一年后，他申请了配电系统专利，这让他拥有了继续投资灯泡项目的必备资金。一家崭新的公司——爱迪生照明公司就这样组建完成，该公司在 1882 年建立了世界上第一个民营电力公司，为曼哈顿下城区 59 户人家供应直流电。当年早期，爱迪生还在英国伦敦开设了第一座蒸汽供电站，为街道的明灯和部分家庭供应直流电。

此时，爱迪生已经是家喻户晓的神奇人物，他被称作“门洛帕克的魔法师”。在建立门洛帕克实验室之后的 10 年，这家实验室的规模已经扩大到覆盖两个城市街区，并拥有大量被爱迪生称为“几乎涵盖所有想得到的材料存货”，其中包括超过 8 000 种化学试剂，当时所有类型的螺丝，所有尺寸的缝针，所有种类的绳子和电线，人、马、猪、牛、兔子、山羊、骆驼和其他哺乳动物的毛发，当时所有类型的丝绸，同时还有大量从马蹄、鲨鱼牙齿、鹿角、龟甲、鸵鸟皮、孔雀尾巴等动物身上获得的材料，所有的金属矿石以及其不胜枚举的材料。

1887 年，爱迪生在新泽西州的西奥兰治市建造了一片由 14 栋楼组成的庞大实验区，名为爱迪生实验区。单主楼就是三个足球场的大小，其中设立了机器商店、吹玻璃体验室、测电室、仓库、发电机等。

爱迪生招募了当地 5 000 位雇员并不断实现发明突破。其中之一就是荧光镜——利用 X 射线呈现人体影响的机器。X 射线的相关实验差点摧毁了爱迪生的视力，也最终使他的助理克拉伦斯 · 戴利遭受辐射中毒不幸身亡。戴利的死动摇了爱迪生的决心，他在 1903 年时表示："不要再在我面前谈论 X 射线。我真的很害怕它们。"

第一台动画录像机也是在爱迪生的实验室里诞生的，能够录制无声的电影画面。之后，爱迪生又研发了胶片卷轴，并发现了如何将动画录像机和留声机相连接的方法，这也为 1913 年首映的第一部有声电影奠定了基础。但讽刺的是，爱迪生后来表示并不喜欢"对白片"，并感叹扰人的电影对白让表演质量下降了不少。

1915 年，爱迪生被选举为美国海军咨询委员会的主席；1920 年，他敦促美国国会建立海军研究实验室——世界上第一个军事研究实验室。

40 年间，从爱迪生实验室中诞生的发明层出不穷，对全世界上百万人的生活产生了积极的影响。爱迪生至死都在积极追求更伟大的发明。就在 1931 年，爱迪生因糖尿病并发症死前的几个月，他完成了电动火车项目，并亲自踩下油门，将世界上第一辆电动火车从新泽西州拉克瓦纳站开向特拉华州多佛站。

爱迪生 60 年为实现想象的发明历程充满了艰辛，也充满了传奇色彩，为此，他收获了 1 000 项专利——是迄今为止最多专利持有人纪录保持者。就在他位于门洛帕克的办公桌前——这个他一生收获最多的地方，悬挂着一张标语牌，上面是乔舒亚 · 雷诺兹的一句名言："为了避免思考的辛劳，人们往往会寻求（做事的）各种捷径。"

爱迪生之前说过："如果告诉我一个完全安于现状的人，我会告诉你他将是一个失败者。"当然，爱迪生也并非光说不做的人，他为自己的探险旅程设立了丰富的目标。1888 年，他所计划的"正在处理事项和待办事项"清单足足有 5 页，包括但不仅限于：

· 采棉机　· 新版留声机　· 手动留声机　· 助听器

· 电子钢琴　· 热电磁发电机　· 人造丝　· 留声时钟

· 海洋电报　· 粉笔电池　· 盲人用墨水

爱迪生知道自己该往哪里走，但是对如何到达那里却不甚了解。例如，他决心要改善电灯泡时，大脑中对于自己想要完成的东西已经有了构想，但是这种构想绝不是一个清晰的解决方案。只有在经历了上万种行不通的灯丝筛选后，他被质疑根本无法找出解决方法。

"人类啊，为什么要结果？我已经有了大量的结果！"他如此回复他人的质疑。"如果我发现了 10 000 种行不通的办法，这并不是失败。我也不会受挫，因为踏过失败的每一步都是向前的一大步。"

通过设立目标，你的人生探险的方向和内容就会渐渐成型，于是在朦朦胧胧的人生旅途中便会开启一条小道——只有你才能在这条道路上前行，因为即使其他人已经设立了或即将设立相似的目标，但他们也并非是你。

多明尼克大学的盖尔·马修斯博士曾开展了一项研究，分析目标的设立、陈述、实现是如何最终影响个人的成功或失败。

这项调查实验为其 1 个月，邀请了 149 位实验参与人员，他们被分为 5 个小组：第一组的成员只需在大脑中构想目标；第二组的成员将目标写下来；第三组的成员不仅把目标写下来，并且一步步行动来实现目标；第四组的成员在写下目标采取行动之后，把行动步骤分享给一位朋友；最后第五组的成员，写下目标，采取行动，分享步骤，并起早周报来记录每周进度，再次分享周报。第五组的成员比第一组单纯构想目标的成员，实现目标的成功率高出 77%。仅写下目标的成员组也比第一组的成功率高出 44%。

这项研究的发现显而易见：将明确的目标记录下来，安排具体的步骤来实现它们，为实现目标创立责任感，并付诸行动，这样更有利于取得成功。

这些现象其实早在几千年前就为人所知，比如亚里士多德的“成功与幸福公式”。

亚里士多德如此写道：“首先，确立一个明确的、实际的理想，可以是一个目标，一个物体。第二，找到实现理想的必要方法，可以是智慧、金钱、物质和其他手段。第三，按照你的理想方向调整所有的方法。”

你可能很难找到哪个天才没有用这样的方法来取得成功的。他们并不是“拥有目标”，他们的人生走向都是被目标所定义的。

爱迪生的一生，命中注定的终极目标就是解开自然界的秘密，并为人类创造幸福。每一个小目标，他的每一个发明，都是那个持久的、无法遏制的雄心，这个雄心怀抱了整个世界和整个人类。

正如爱迪生一样，也正是一个个目标塑造了玛丽·居里夫人的身份。她原本是一位年轻的家庭女教师，由于在她的祖国女性无法接受高等教育，于是居里夫人心中满怀热情，一心想要离开波兰前去巴黎学习科学。然而求学带来的资金却是当时家人远远无法承受的，不过她与姐姐布洛妮雅达成交易，玛丽用家教获得的收入来帮助布洛妮雅支付学费，布洛妮雅毕业之后再资助玛丽。

近三年的时间里，玛丽白天为了支付姐姐的花费而努力工作，晚上则在她的书桌旁，在没有任何指导和建议之下，独自阅读有关社会学、物理学和数学的陈年旧书，玛丽后来称那时候的学习为“举步维艰”。但是她的坚持终于在24岁时得到了回报，那年姐姐从索邦大学毕业并结婚，玛丽这才有机会去追求她的梦想。

华沙的中学教育难度较低，这为玛丽在大学期间的学习带来了无法想象的挑战。但是，她仍然克服了学术上的短板，以一篇关于放射性物质的博士论文荣获诺贝尔奖，这是历史上首位获得诺贝尔奖的女性，她的研究直到目前为止也被认为是极为艰难的课题。8年之后，凭借有关镭和钋的研究，居里夫人第二次荣获诺贝尔奖，此前世界上没有哪个女性，甚至男性取得过这样的成就。

当你细细斟酌像爱迪生和居里夫人设立的目标后，以及像他们一样的其他伟人，你很快就会注意到一个共性，即他们的目标拥有简明清晰的特征：这些目标大多不是轻易就能实现的。天才们设立的目标往往十分宏大——一种会让你产生集兴奋、害怕、不安于一体的复杂情绪。正如爱因斯坦所说，你必须“培养一种尽最大能力才能实现目标的本性。”

宏大的目标为你艰难的人生旅途树立了清晰的路标，然而，要想实现它们还需要极大的投入。喜剧演员史蒂芬 · 马丁优雅地描绘了这个悖论。

史蒂芬 · 马丁是20世纪最著名的喜剧演员之一。年轻一代认为新颖独特的“现代设备”其实都能够在马丁的作品中找到源头。马丁是一个成功的脱口秀演员、作家、演员和音乐家……那他是如何取得这些成就的呢？在他的回忆录《为舞台而生》中，马丁并非是要列举自己获得了哪些成就，而是意在分享如何获得成功。然而，他说通往娱乐业成功的小秘诀，往往是那些失意之事。用一段冰冷的台词举个小小的例子：“你要变得相当优秀，令他们无法忽视。”

在你把马丁的这个秘诀归类为“陈词滥调”之前，先好好理解这句话吧，因为它捕捉到了人类生命中各个领域的本质，这和运用天才密码取得成功有着密不可分的关系。尽管马丁的“秘诀”从字面上看起来让人害怕，事实上它的内涵却是鼓舞人心的，因为它简化了寻求成功的过程，这个过程原本是相当复杂和压抑的。

马丁实际上要劝诫我们忘记所谓的秘密后门、小花招和小把戏，不要在意那些让你感到失去的挫折。我们需要集中注意力在一件事情上，那就是真真正正地努力成就某一件事情，在这件事情上做出卓越的成就，比任何一个你知道的人都要做得精彩，精彩到他人无法抑制地夸赞你。

马丁的人生哲学中还有两条重要的建议。

首先，你应当努力去发明创造，而不仅仅是“完成工作”。时间都用在了走过场不足以取得杰出成就。你需要一种无穷无尽的对新方法、好方法的渴求。对于试验，无论成功还是失败，切忌害怕。

也就是说，不要仅仅满足于人云亦云的状态。利用更多的时间来理解行为背后的规矩和法则。观察别人是如何出色地完成工作的，以及别人为什么不能完成某些任务的，然后想出办法来结合所有有用的方法，进行匹配、延伸，让这些方法更新鲜更完好。

其次，及时聚焦一个首要目标。马丁说他的成就归功于他对于某一个领域的目标坚持不懈，直到成为该领域的大师。当他真正准备好了进入其他领域之前，他拒绝三分钟热度，绝不分心至其他新的工作和项目。

当今的时代充满了各种诱惑和可能性，在磨砺自己棱角的时候，你可能会感到很多事情违背了你的直觉，但是这相反是实现在任何领域中独占鳌头最有效的办法。马丁有一句话说得尤其正确：如果你人生的步调，没有与那个唯一的、通往成功的单人小道相吻合，那么你将会错乱方向，那里再也不会有成功。

所以，当你在开掘通往成功的道路时，不要通过与他人比较来确定自我的正确性。每个人都是独一无二的，天才就是那些相当优秀的人，令他人无法忽视。所以你也要照做。

1926 年，一位自称是 RHJ 的匿名百万富翁出版了一本名为《很靠谱》的短篇书籍。这位神秘的 RHJ 先生将他所获得的成就——比如丰厚的财富、克服挫折的能力、忠诚的朋友们，都归功于书中教导人们的下面三项原则。

1. 尽可能详细地写下你的目标。RHJ 先生特别强调了“写下”目标的重要性——而不是单纯地构想它们。

2. 尽可能充分地考虑这些目标。不要被其他目标转移了视线，也不要忘记之前你所设定的目标。学会集中精力在你想要做得事情上，并持续专注的状态直到完成目标。

3. 在你能够展示出具体的成果之前，不要对你的目标夸夸其谈。这有两个原因：一是因为这种做法屏蔽了那些不看好你的人为你带来的失落感；二是同时也屏蔽了构想目标（而不是为目标行动）能够为你带来的满足感。大量的科学研究也证实了后者的观点，即那些大肆宣扬自我目标并得到他人认可的人，很少能够实实在在地付出努力实现目标，讽刺的是，这些人对于自我实现目标的缓慢进度还保持着相当乐观的态度。

另一方面，那些没有声张目标的人反而会更努力地工作，而且对工作进度更为理性，认真对待工作直到实现目标。当然，那批从不声张目标的人所取得的成就也远远超过的那些夸夸其谈的人。

正在计划着某些宏大目标而受人敬仰，与正在实施行动实现某些宏大目标而受人敬仰所带来的感受基本相似，但是这两者的实质却大相径庭。如果有人因为某些我们已经取得的成就而夸赞我们，这很自然；但为我们正在计划着做，或是在实施中的事情而夸赞我们，这就没什么值得高兴了。

天才不会为自己设立无法丈量的、模糊的标准，比如“尽全力”或者“更努力”之类的目标。他们拥有明确的、具有挑战性的目标，比如“获得XYZ奖项”，或者“在1月1日之前设计好X产品”。因此，成百上千的科学实验，包括几十种任务调查，和上万个参与者的配合，都证实了目标越具体、越困难，往往获得的结果越好。

当目标能够用特定的术语来描述时；当目标能够实实在在被看见、被测量；当你可能够列举出详细的步骤来实现目标时，而且这些步骤是能够完成的；当某个目标让你兴奋不已时，你便知道，这就是你要找的目标了！

设立宏大的，令人兴奋的目标是解开天才密码的重要一条。

但是，当探险旅程开启时，你将接受对于忠诚度的考验。你将会面对很多外部和内部的挑战，有些人会质疑或批评你。巨大的岩石将会铺满你前进的道路，看似无法逾越。你可能发现自己时常进入一个类似沼泽地的境地，越是向前努力却越将自己埋得更深。无论如何，只有一种办法才能离开这种境地，那就是“离开”。

古希腊军队登陆敌方海岸时，长官给出的第一个命令就是“烧毁所有船只”。古希腊人知道身体可以经受住任何考验，但是大脑需要的是说服力。当没有了任何回头路，人类就拥有了无与伦比的力量。

所有成功者在旅途中的某一时段都需要烧毁他们的船只。试着回想一下，爱迪生为了追求更多的发明创造而搬去纽约，虽然当时家徒四壁，入不敷出。像这样卓越的伟人不仅仅永远不会选择放弃——他们实际上愿意把自己逼入绝境，他们宁愿踏上一段不可回头的征程，也不愿放弃自己的梦想——从某种意义上来说，不愿将自己的人生弃之度外。

1955 年 12 月，罗莎 · 帕克斯被逮捕，马丁 · 路德 · 金决心策划并领导第一次对抗社会不平等的黑人集体非暴力抗议活动“联合抵制乘公共汽车运动”。该运动持续了 382 天之久，直到美国最高法院宣布公共汽车上实行种族隔离的条款为违法。在这次运动中，马丁·路德·金被逮捕，受到了生理上的侮辱，他的房屋被炸毁，但他并没有后悔。在接下来的 13 年时间里，他穿越了 965 万公里的土地，写下了 5 本书，发表了 2 500 多次公开演讲，最终，他因作为黑人运动以及反压迫非暴力运动的领导人而遭受刺杀去世。

据米开朗基罗说，他的竞争对手布拉曼特和拉斐尔说服教皇委任米开朗基罗绘制西斯廷教堂那杂乱无章的天花板，希望这样能够逐渐消弱米开朗基罗作为文艺复兴领导人的地位。湿壁画技法并不是米开朗基罗习惯的绘画技巧，如果他的作品不能让他人惊艳，那么其名誉便会受损，再加上没有人能够拒绝教皇的邀请。那么米开朗基罗当时又是如何应对的呢？他发明了一个特殊的脚手架，并花了近四年的时间让自己待在 18 米高的空中，抬头仰望，在石膏天花板上粉刷涂料。最终呈现在大家眼前的是一排《圣经》场景的精美复刻，该作品成为文艺复兴全盛期的基石，也成就了米开朗基罗能够与达·芬奇相提并论的地位。

传奇般的足球教练文斯·隆巴迪曾经说过，“一旦你学会了放弃，这就会成为一种习惯。”每一位天才的旅程都会伴随着不顺、挫败和分心，但是他们只是从不利用这些作为逃脱的借口，他们的“船只”也被烧毁了。

他们是如何找到内心那股强大力量的呢？又是什么驱使他们面对所有的逆境，仍然坚定决心？那你又如何才能变得和他们一样呢？

6

驱动力·征服世界的亚历山大

“不要问这个世界需要什么，要问做什么事会使你有活力，然后去做这件事。因为这个世界需要的是有活力的人。”

——霍华德·瑟曼

任何大冒险都充满了试炼和苦难，只有经历了这些才能把人从自己最初的样子转变为一个伟大的英雄。

J.K. 罗琳大学毕业已经 7 年。她把自己视为是世界上最大的失败者：她的新婚维持一年便离婚了，之后待业在家，靠社会补助来养活年轻的女儿。她被诊断出患抑郁症，甚至常常有自杀倾向。然而，罗琳还有一些事情没有完成——几年前她在火车上因迸发的灵感开始编写的一个未完结的故事手稿。所以，每天哄宝宝入睡之后，罗琳就将自己藏身在苏格兰爱丁堡的各家咖啡店里，靠一台打字机，反复编写修改故事的各个章节。她1995年创作完成《哈利·波特与魔法石》，在12家出版社都拒绝出版后，终于布鲁姆斯伯里出版社接受了她。罗琳为此得到了一笔1 500英镑的预付款，她的编辑当时劝诫她赶快找个工作，因为想靠儿童书籍来赚钱的机会微乎其微。罗琳对这本书最高的期望就是能够得到编辑的审阅，但是该书出版5个月后，罗琳就获得了第一个写作大奖。她所写的故事与当时备受追捧的C.S.路易斯和J.R.R.托尔金作品相提并论。这远远出乎了她的意料。但是，罗琳就这么实现了。这正是她卸下过去包袱，创造新未来的好时机。5年之后，她又发行了哈利·波特系列的第四本书，第一天便销售超过370 000本。今天，这套全球销量达到40亿的系列图书成为了有史以来的最畅销书籍。这是罗琳人生中第一次能够不去担心这周赚不到足够的钱来养家糊口。她是如此总结这段与众不同的经历的："在我们的世界里，改变从来不需要魔法。我们的内心本就存在这种力量，拥有更美好的想象。"

有些人认为天才与生俱来，就是高人一等的，所以天才能够轻易地洞察并预见自己人生的航行路线。大错特错！成功并非信手拈来，一蹴而就，成功需要人们牺牲自己的时间、爱好，有时还需要抛弃一些所有物。你离成功越近，成功就会在你身上索取越多的东西。

不管你的人生探险需要付出怎样的代价，每个人都需要克服途中的障碍，这是对自我决心的一种考验。你需要用尽所有的才智。

旁人会想方设法让你展现自己不足的一面，而忽视你的强项。通往成功的旅途绝不是为弱者所设立的。但旅途中所有的障碍都会在同一个神秘的要素之下消逝，那就是“驱动力”——坚持和征服困难的意志力、永不放弃的决心、绝不允许失败的雄心。

作家、哲学家 L. 罗恩贺·伯特这样说：“历史上所有的失败都没有借口，只有这一个解释，那就是动力不够、坚持力太弱。”纵观历史，我们可以发现很多事件都能够力证这个看法。然而，可能没有人比这个世界上最伟大的军事指挥官更具毅力，没有比他更好的例子来证实上述观点，他就是用四年的时间完成了他的祖先历经一个世纪都未能实现的事情，而且到目前为止也没有人能够与之相提并论。

在亚历山大大帝 10 岁时，他的国王父亲腓力二世看到亚历山大驯服一匹烈马的情景，因此预言统治整个马其顿帝国不足以满足他的野心。但是国王腓力二世没能够亲自看到他预言的这一幕便去世了，而事实证明这般预言也同样低估了亚历山大大帝。

亚历山大 16 岁时，腓力二世率领军队入侵邻国色雷斯，色雷斯人战败后放弃了对马其顿王国统治权——当时古希腊最强大的王国，国王是飞利浦。当时马其顿王国的统治还不稳定，在刚征服的土地上出现了各种异议。

腓力二世即位时失去了一大部分马其顿军队，色雷斯部落认为这是反抗统治者的最佳机会。然而，他们却低估了年轻的亚历山大，他迅速集结了一支军队与反叛者对战，粉碎反抗势力，并将该城市命名为亚历山德鲁波利斯，这足以证明了他强大的、致命的能力。

腓力二世被其儿子的战绩所震撼，他指派年仅十几岁的儿子带军队继续深入对抗色雷斯军和希腊叛军。亚历山大一个接一个打败并征服反叛军。他甚至在对抗佩林苏斯城的战斗中救了父亲一命，并成功抵御了邻国伊利里亚的入侵。趁着这股不可抵挡的势头，腓力二世和亚历山大军队继续远征希腊，占领一个又一个城市。那些受伤并投降的人被释放，那些反抗到底的人便死在马其顿剑下。

希腊反抗军最后的堡垒就在强大的底比斯城，底比斯人与雅典人结成联盟一同对抗马其顿帝国。由腓力二世率领右翼军队，亚历山大率领左翼军队组成的强大的军团，冲击了切若尼亚城，随之而来的又是一场旷日持久的虐战。亚历山大面对的是由 300 名精锐战士组成的底比斯神圣军团。通过对骑兵和步兵娴熟的布局和指挥，亚历山大在对阵中占据了有利地形，并派出一支冲锋队破坏了底比斯军团的阵型，接着 300 位神圣军团战士在自己的土地上一一倒下。

亚历山大传奇般的军事战绩在人们之间散布开来，甚至传说这位 18 岁的亚历山大其实是古希腊英雄阿喀琉斯的后代，也可能是宙斯之子。谣言甚至预示到他将会取得惊人的权力。两年后，亚历山大也的确实现了人们一个又一个的预言。

公元前 336 年，腓力二世在参加女儿的婚礼时被他的贴身护卫帕萨尼亚斯暗杀。由于帕萨尼亚斯在行刺当场被刺死，他的弑君动机无人知晓，但是有流言传来说幕后指使是亚历山大的母亲奥林匹娅斯，甚至说亚历山大是教唆者。因为奥林匹娅斯想要为腓力二世与她离婚进行复仇，同时也想要为她的儿子争得王位，超越他父亲的成就。而亚历山大同样也有合理动机，腓力二世曾想要让其与新婚妻子的儿子作为纯正血统的马其顿继承人，亚历山大因为想要争夺继承人地位而被驱逐两年之久，因此愤愤不平。

不管亚历山大有没有参与刺杀，他仍然在 20 岁时，被当时的达官显贵以及军队推举为国王。腓力二世的死讯让底比斯、雅典、塞萨利以及马其顿北部的色雷斯部落再次爆发叛乱。此时的亚历山大大帝如果不能以新国王的姿态采取迅速行动和决断，他的统治权在皇冠还未戴稳之前就将崩塌。他首先将所有拥有继位权的人一一剔除，包括他的表弟以及另外两位马其顿王国王子。他还将腓力二世生前最信任的将军阿塔鲁斯处死，阿塔鲁斯被雅典人高发曾煽动发起反抗亚历山大的战争。奥林匹娅斯也采取了保卫亚历山大王位的行动，将腓力二世的两位女儿活活烧死，但这次的野蛮行径让亚历山大大为不满。

来自家庭内部的威胁被摆平后，亚历山大大帝将注意力转移至与邻国希腊的密谋上。有谏言劝亚历山大大帝与叛乱城市用外交手腕和平协商，但它却对这种优雅的、拖沓的协商方式毫无兴趣。他集合了整个马其顿王国的骑兵——由超过 3 000 名历经沙场的战士组成的强大部队，向南行进至塞萨利。他在途中成功突袭了一支大型的塞萨利军队，并使其加入到自己的队伍中。

在亚历山大到达柯林斯之前，希腊和色雷斯叛乱者重新考量了他们的地位。出于对这位年轻国王的惧怕，他们做出让步，并称亚历山大为“希腊联盟”的领导人，该联盟曾由亚历山大的父亲发起。亚历山大于是原谅了这些叛乱分子，宣布他将继续父亲征服波斯的计划。

亚历山大的上述行为虽然与他的地位并不匹配，但是这些行为并不仅仅是复仇行动或是帝国主义行为。亚历山大的真正目的在于“将野蛮行径与希腊文明相结合，用文明征服每一片土地，最大限度地挖掘每一寸土，每一片海，拓展马其顿王国的边界至最远处的海洋，将希腊的争议与和平播撒到每一个国家。”这种利他主义的行事风格，和亚历山大强硬的作风放在一起就显得极为讽刺了。这是否只是一种空洞的花言巧语，亚历山大利用这种说法让自己名声大噪，不断扩张领土，不断称王称霸，又或者亚历山大的确想要按照他所说的那样，整合并提升整个世界？到底是什么在真正驱使着他的行动呢？让我们进一步看下去。

在亚历山大进军波斯之前，色雷斯部落又开始反抗他的统治。亚历山大立刻召集军队向东前往色雷斯镇压叛乱。色雷斯军队预谋在一条靠近色雷斯和马其顿边界的关隘埋伏亚历山大，但是他却成功摆脱了埋伏，打败色雷斯军队后进入色雷斯领域。后来，亚历山大还发现一支在后方埋伏他的蛮人部落，发起攻击。色雷斯在这场战斗中失去了 3 000 个士兵，而亚历山大的损失却少于 50 人。

马其顿军队继续进军至多瑙河岸，在那里与 15 000 名色雷斯盖塔部落的精兵对峙。敌人猜测他的军队会利用船只来渡河，然而，他却在夜间利用独木舟、临时木筏和其他漂浮工具安排了一场浩大的渡河行动。1 500 名骑兵和 4 000 名步兵游过近 300 米宽的多瑙河，并在接近日出时突然发起袭击，盖塔士兵纷纷落荒而逃。相邻的部落听闻了亚历山大的英勇事迹便派出使节向这位年轻国王求和，亚历山大欣然应允。于是，色雷斯叛乱就这样被平息了。

亚历山大的驱动力后来又一次因为伊利里亚叛乱而受到挑战——伊利里亚人将其折回马其顿的道路全部切断。如果亚历山大返回希腊的行程耽搁过久，马其顿王国就将无法抵抗雅典和底比斯强人的进攻，因为有报道传来对方的进攻声势浩大。

伊利里亚军队占据了佩利亚的主要通道以及周围的要塞，而这是亚历山大回马其顿的唯一路径。马其顿军队全力以赴对抗但还是被镇压了。宝贵的时间一点点失去，更糟糕的是，革兰提亚国王格劳基亚斯也举兵响应支援伊利里亚。反叛军分布在关隘周围的山丘和树林间，随时准备在亚历山大进入通道或是撤退回伊利里亚时一举将其先驱部队歼灭。亚历山大面临两面夹击的窘境，且马其顿军的补给也匮乏了，敌军的数量多过他好几倍，而且占据了最有利的要塞，希腊反叛势力也趁这段时间急速扩张。亚历山大无法撤退，也无法静待援兵——他必须拿下佩利亚，而且要快。

亚历山大接下来做的事情充分展现了他的足智多谋和灵活狡黠——而这两个特点因为其超凡的驱动力成就了伟大功绩，他用雄狮般的咆哮征服一个又一个的危机。

亚历山大命令马其顿方阵步兵和骑兵在佩利亚前方一个靠近山坡的平原展开，在敌军的包围下，马其顿军队开始进行花式操演。密集的马其顿军队就像在将军严格的监督一样，展现了完美的、整齐划一的阅兵动作。伊利里亚人看得茫然不知所措，想搞清楚马其顿军队到底在干什么，会有怎样的反应。目瞪口呆的左侧敌军由于疏忽导致了疏漏，这正是亚历山大正在寻找的机会。他迅速命令步兵对其发起进攻，敌军很快意识到他们错误逃往小山丘中。同时，亚历山大率领一支骑兵进攻右方山丘，该山丘之前也被格劳基亚斯军队所征服。

马其顿军队的分散让亚历山大保全了周围山丘，赢得安全地势。但是在他返回马其顿王国之前，亚历山大需要在回程中消灭伊利里亚进攻马其顿军队的一切可能。

三天之后，亚历山大的侦查员汇报敌方警戒减弱，正是奇袭的时机。亚历山大在那晚率领一支步兵和弓箭手进攻敌方军营，进行突袭。伊利里亚人被突袭时有些还躺在被褥中，佩利亚重新回到了马其顿王国的掌控之中，伊利里亚国王战败后只能接受亚历山大提出的要求，并宣誓永远效忠这个让人闻风丧胆的指挥官。

亚历山大在佩利亚战役所表现出的聪明才智足以印证他另一个驱动力的特质，亚历山大的这个特质常常被人认为是急躁，但其实并非如此。一些史学家批评这位年轻的国王鲁莽草率，将其成功归结为运气所为。然而，如果你看到他之后一系列战役中的成功后，亚历山大要不就是历史上最幸运的人，要不就是他还拥有一些与众不同的什么力量。那是一种怎样的力量呢？亚力山大在佩里亚的行为将解答这个疑问。

当时亚历山大在佩里亚几乎陷入了绝望的境地。他的官员们都建议撤退，并派出援兵，但是这样一来，不仅会导致粮食严重匮乏，而且在他们等待援兵的期间，王国时刻可能落入雅典人和底比斯人的手中。亚历山大必须拿下佩里亚，并且以旁人认为不可能的速度拿下。亚历山大总是能以与别人不同的方式来思考问题。当他的军队看到无法穿越的堡垒时，他看到的则是摇摇欲坠的、即将被其军队粉碎的木柱而已。

在亚历山大“急躁性情”的背后是一颗具有超凡执行力和积极性的内心，没有任何东西、没有任何人能够阻挡其前进的道路。他很少停止前进的步伐，因为坦率地说，没有什么能够影响到他，让他停下来。用亚历山大的才干来分析人们的驱动力，你会发现每一个案例中都充满了英雄般的自信和浮躁，这些都能够让每个人去相信他们也可能完成原本以为不可能的事情。

亚历山大花费了几天的时间进入回程的通道，他发现波斯人在行贿反马其顿的希腊人，并且有流言传出说亚历山大已经被伊利里亚人谋杀。流言蜚语越发增强了底比斯人脱离马其顿统治的决心，并声称已经摆脱亚历山大统治并恢复了自由，并号召其他城市其他州也这么做。

这彻底激怒了亚历山大，他带领三万士兵朝 480 公里之外的底比斯南部地区进发，势如破竹，两周便到达了目的地。亚历山大的突然进军，以及魔鬼军团的气势震慑到了底比斯的联盟军队，他们将支持反叛军的军队统统撤离，只留下底比斯自己与亚历山大单打独斗。亚历山大在城市的北部安营扎寨，静心等待，想给底比斯军队最后一个乞求原谅的机会。然而底比斯的将军却派出一支步兵和骑兵袭击亚历山大的前哨基地，后被亚历山大压制。

即使是这样，亚历山大仍旧对底比斯抱有耐心。他要求与反叛军的头目见面，并承诺不会伤害任何投降的人。底比斯反叛头目拒绝了他的请求，尽管绝大多数的市民都更倾向于放弃反抗。

底比斯士兵在城外筑起堡垒，早早地为即将到来的战争做准备，而亚历山大也早已为入侵筹划完备。然而他仍然拒绝展开行动，希望能够守护这座荣耀的城市，也为了保护他的军队免受伤害。而此僵局的终结者并非亚历山大，而是其上校佩尔狄卡斯，他抓住了围攻这座城市并成功冲破城墙的良机。这次袭击取得了成功，亚历山大号令几千名士兵支援这次行动。

虽然底比斯士兵骁勇善战，但其防守仍然失败了，城市被肆虐成灾。伯西亚人、腓尼基人以及普拉蒂亚人与亚历山大的士兵并肩作战，屠杀数以万计的底比斯人，包括女人和孩子，以此对底比斯长年的压迫进行打击报复。3 万名幸存者俘获后被当做奴隶进行售卖，城市被夷为平地。

亚历山大摧毁底比斯反叛军的威力和残酷向各方传播开来，让所有希腊人震惊不已，因此雅典人也不敢趁着亚历山大的这把怒火，轻举妄动。于是雅典人将派出救援底比斯人的军队撤回。

一年之内，亚历山大就在对抗北部蛮人以及制服希腊的战斗中获得胜利，保全了自己的地位。但这也只是亚历山大一生成就和野心的一部序曲，他是要征服波斯帝国的人，征服薛西斯、大流士、居鲁士所统治的土地——一片蕴藏神秘资源和财富以及无数勇士的土地。

征服和融合波斯是对亚历山大壮志雄心的真正考验，这场冒险堪称能够与亚历山大偶像阿喀琉斯的功绩相匹敌，这场冒险同时也彻底改变了人类历史的进程。

对波斯的入侵从方方面面挑战了亚历山大大帝的头脑和驱动力，也是他最无与伦比的伟大成就。然而，尽管波斯拥有巨大的财富和军事力量，但这个伟大的帝国拥有一个致命弱点：这个帝国是由 30 个如马其顿帝国大小的领域组成，每一个领域由个地方官员独立统治。各领地的统领之间，以及对波斯帝国的君主都各怀不满。亚历山大深知该弱点，于是挑拨各领地的矛盾从而降低其对外防御能力。

但是亚历山大不是那种想当然的人物。他那种近乎沉溺般的对于细节的执着，以及绝不妥协的工作原则，驱使他在连月的冬季毫不停歇地装备军队，准备军舰，谋划着一次史无前例的空前强大的袭击。从中，我们又能够观察到另一个驱动力“DNA 染色体”。亚历山大坚韧的意志力以及最自我的信仰其实是源自于他的运筹帷幄、雷厉风行、锲而不舍。他从不追逐影影绰绰的捷径小道，反而在有些情况中特意规避他们，为的是能够体验战胜挑战之后的荣耀感。他从不祈求上帝的帮助，而是竭力使其敬畏。

亚历山大细致的准备也预示了他要离开自己的祖国一段很长的时间。他任命自己最信任的上将安提帕特作为马其顿王国的摄政王，留给他足以维护国家稳定的军队。他甚至将自己所有个人财务都出售，用来填补满足自我野心所需的巨额花费，而留给亚历山大他自己的，只有那心中的希望。受到亚历山大的影响，很多骑兵精英队里的富人们也效仿他这么做。尽管如此，亚历山大还是需要借贷一大笔钱才能将彻底配备自己的军队。

公元前 335 年，亚历山大年方 22 岁，带领着 35 000 个由马其顿人、希腊人和色雷斯人组成的强大队伍，一支配备了 120 只船舰由 40 000 人组成的舰队，以及只能支撑 1 个月的粮食补给，穿越赫勒斯滂海峡直冲小亚细亚。舰队在小亚细亚海岸靠岸后，亚历山大扔出一支长矛，插向地面后，他踏上海岸，宣布自己会统领整个亚洲，接受这个上帝赐予他的礼物。

波斯王大流士对这个跨海而来无所畏惧的军队不屑一顾，因为他的军队规模是亚历山大的数倍之多。因此，马其顿军队在穿越小亚细亚时并未遭遇较大阻力，并将几个希腊小城镇从波斯的统治中解放出来。尽管大流士知晓亚历山大冒犯波斯帝国的行为，且经验丰富的上将也一次次警告他亚历山大不容小觑，可大流士仍然置之不顾。

曼农，这位大流士青睐的上将得知亚历山大的军粮和资金捉襟见肘，便建议采用“焦土作战”的战略，将亚历山大可能前往的地区全部夷为平地，防止他寻找到任何补给品和资源。然而，波斯官员对此战略置若罔闻，并决心与马其顿军队正面交战。20 000人的骑兵队以及相同数量的希腊雇佣军集合在一起共同驱赶亚历山大军队。

亚历山大的侦察兵发来警示说波斯军队已经在临近地区，亚历山大冲向格拉尼库斯河与其交战。由于马其顿军队比较靠近海岸，随着日落的临近，波斯军队能够清晰地看到地平线上的平原。亚历山大的老将帕米尼奥建议在晚上安营扎寨，也劝说敌人这么做。

而亚历山大却有不同的计划。他更倾向于用勇猛激进的冲锋来振奋士气，而不想让波斯看到他在中途因为这一点点不值一提的屏障而停歇片刻，因为如此一来会增加敌军反抗的自信心。

亚历山大命令侦察兵仔细调查波斯的阵线，并进行汇报。正如其所料，波斯军队的阵型是有缺陷的，他决心立即冲锋进攻。亚历山大的指挥员们率领马其顿军队各就各位，双方隔着格拉尼库斯河面对面的那一瞬间，是片刻深沉的寂静。接着，马其顿军号响起，随之传出震耳欲聋的呐喊声，矛步兵冲进河里渡岸，波斯人居高临下倾泻箭雨，并派出骑兵驱赶马其顿军。

残暴的战斗接踵而至。亚历山大杀死了几名波斯军头目，包括大流士的儿子和妹夫，后者将亚历山大的头盔和帽缨砍断，差点夺走了他的性命。这次勇猛的进攻让马其顿军队的右翼得以成功渡河并发动袭击。亚历山大的骑兵势如破竹冲破波斯军队的阵线，波斯军虽然还有希腊雇佣军作为后备，但他们在战争中完全成为看客，后来也证明雇佣军完全不是马其顿军的对手，雇佣军战死 18 000 多人，剩余 2 000 人被俘。

这场恶斗导致波斯军队丧失了 1 000 名骑手、多位名将，以及 18 000 名希腊雇佣兵，而亚历山大的军队损失不到 200 人。

如今，通往波斯中心的道路已经打开，但是只有当亚历山大把所有的海岸城市收拢至自己的统治之下，才能够避免后方和侧方被可怕的波斯海军所袭击。所有重要的海滨城市都是希腊城邦，而且大部分都张开双臂欢迎亚历山大的到来。亚力山大每到一座城市，便推翻波斯的专制统治，建立起民主的政府，建筑一些为了纪念脱离波斯枷锁的公共设施，并准予居民恢复一些已经被波斯统治命令禁止了200年的古老特权。

有几座被大流士特许获得特权的城市抵抗亚历山大，但是后来，一个接一个也被他的高级战术所“俘虏”。每当亚历山大征服了一座城市，他继续“与希腊人为伴”，原谅幸存的居民，并允诺这些城市的自治权和自由。亚历山大并没有掠夺这些占领的城邦来弥补供给，战争时期的规定是，只有合理缴纳的税款才被拿来用作战争基金。

如今小亚细亚的海滨城邦都在亚历山大的掌控之中，他成功废弃了波斯最强大的军事资产——享誉世界的海军。因此，亚历山大下一步准备向波斯帝国的内部进军。但是冬季渐渐来临，亚历山大的士兵们需要休息和养伤，所以他准许一大批新婚的士兵在开春进军波斯帝国之前都可以离开去陪伴妻子。

亚历山大自己却没有享受任何休息时间，他那种永不枯竭的驱动力不允许他那么做。亚历山大号召了一小支部队，关闭了波斯本土剩余的所有港口，并继续让波斯海军挨饿。接下来的几个月里，亚历山大和他的军队在凛冽的寒风中前往并征服了所有亚细亚西部城市——近40个城镇被收复，这期间没有任何阻碍，因为那里的人们深知他们会被征服者以自由相待。那些斥责和平投降的人，不管多么坚决，也都以失败告终。

第二年的春天来临了，受伤的士兵已经养精蓄锐，重返队伍，有些甚至带来了新兵。亚历山大冲锋陷阵直捣波斯心脏的时间到了，是时候去实现征服和教化这个强大世界的雄心壮志了。

大流士仍然坚信那些在小亚细亚的败举只是意外和运气不好而已。他所失去的那些领地也只是整个帝国的九牛一毛而已。尽管他无法理解亚历山大是如何取得如此惊人的进展的，也对没能听从曼农早前的建议感到后悔。他让希腊的一些恶徒接受波斯军队的指挥去摧毁来自马其顿的侵略者。

曼农，这位拥有超凡指挥和才能的总督，也可能是大流士手下唯一一个能对亚历山大产生威胁的人，开始着手对抗马其顿军队，并在亚历山大在希腊的敌人间煽动反抗的火苗。为了达成目的，他计划召集一支大型舰队和士兵，占领马其顿海岸边的岛屿，并将其作为战争的铺垫。但是，造化弄人，曼农在第一次成功包围希俄斯岛后就因为高烧不治身亡，他手下的接班人也没有人具备替代他的能力。这再一次显示出亚历山大与生俱来的好运。

亚历山大在戈尔迪乌姆市与其大部队会合，著名的希腊神话戈尔迪之结正是源自这座城市。传说国王迈达斯制作了一个错综复杂的死结，谁能打开这个结，谁就能称王亚洲。亚历山大大帝究竟是如何打开这个结的，有许多说法。据史学家说，他在深思熟虑之后拆解了这个复杂的结。也有说法是，他敏捷地拔出身上的佩剑，一下子就把这个结斩开了。无论如何，亚历山大的意图非常明确，这也就让我们能够进一步理解亚历山大这种神秘驱动力的成效。

不管是围攻一个坚不可摧的城市，还是面对一个战无不胜的军队，抑或是解决一个无解的死结，亚历山大从来没有认为自己不会成功。他用尽任何有用的方法去赢得胜利，他很少被“规则”玩弄于鼓掌之中。他鲜明的个性特点就是，通过精细的分析和规划，运用敌军无法预测、无法防御的创新战略和手段。然而有些境况的确是需要细心策划的，就如在佩利亚所发生的那样。然而，在亚历山大人生最为著名的军事成就中，我们可以看到最无法预测的行动就是直接突袭，这种大胆的行为是一般人不敢轻易尝试的，而亚历山大大帝并非一般人。

马其顿军队继续向他们的目标进发，所到的每一个城市只留下驻防部队来巩固其地位。在通向波斯中心领土的道路上，马其顿军并没有遇到强大的阻力。最终，在公元前 333 年，亚历山大在伊苏斯城与具有无上权力的波斯帝国国王正式交战——大流士协同各统帅和总督亲自带领军队冲锋陷阵。

马其顿的侦察兵预计波斯军队的人数不会少于 20 万人，甚至可能多达 50 万人，而亚历山大军的人数仅有 4 万。亚历山大令其将军一一说明他们对敌军数量和地理位置的观点。将军们都非常愿意随亚历山大一同作战，并逐个统筹计划如何对付眼下的难题。

大流士和他的军士正在亚历山大附近的平原伺机行动，因为从数量上而言，大流士的军队绝对能够吞噬整个马其顿军。大流士慢慢地带队接近亚历山大军的后方，采用狭长的阵型，因为前方伊苏斯的平地一边是大海，一边则是高山。当马其顿军发现波斯军的进攻时间并没有如预期一般在三天后，而是第二天时，队伍开始仓皇失措了。亚历山大自己也对于波斯军的花招大吃一惊，但后来他用一席慷慨激昂的演讲彻底鼓舞了士气。

他对着自己的军队高喊到："我们的敌人是米底人和波斯人，是一群几个世纪以来骄奢淫逸生活着的人。而我们马其顿王国，世世代代都在危险和战争中经受历练。也就是说，我们才是自由人，他们只是奴隶。当然波斯人的军队中也有希腊兵，但是他们作战的理由与我们的就大大不同了！"

"他们是为了钱财而战——虽然也不完全如此。我们，恰恰相反，我们是为希腊而战，而且我们一心一意为希腊而战。我们的外援兵——色雷斯军、培奥尼亚军、伊利里亚军以及阿丽亚那军，他们是欧洲最杰出最勇猛的战士，而且他们会发现如今面对的敌人是亚洲最懒散最无能的部落。最后，我军和敌军最高的领导人是谁？你们有我，亚历山大！而他们呢？大流士！"

第二天早晨，两支军队正面对抗，都在找寻机会攻击第一排士兵。后来通过高明的侦察以及定位，亚历山大在右翼取得了优势，对波斯阵线成功发动了进攻。

两队的领导人各自指挥军队进入战斗，亚历山大率先在波斯进攻的左侧抢占有利地形。同时，在大流士指挥下的希腊雇佣军以凶猛之势攻击了亚历山大中心方阵，直接袭击马其顿军的中心，方阵陷入险境。

与往常一样，亚历山大又当了一回“救世主”。他所在的这一侧军队完全击垮了波斯左翼军队，于是冲向中心方阵救援。亚历山大和他的骑兵以及大部队冲破希腊敌军的阵型，释放了马其顿中心部队，彻底改变了整个战局，压制住敌军。这时，一批波斯骑兵如雪崩之势向亚历山大的左翼冲来。尽管在人数上，马其顿军寡不敌众，但是色雷斯的骑兵却勇猛地守住了战地，一次又一次来来回回地抵抗波斯军的攻击。

大流士，就如波斯国王一贯的行事风格，坐在闪闪发光的双轮战车中，周围是他的各位统帅和家人。亚历山大守卫住中心部队的安全后，在波斯军队间开出一条血路冲向大流士和波斯的高官们。就在几分钟内，亚历山大和贴身部队带着神一般的暴怒击垮了大流士的皇家护卫以及周围的所有高官。当大流士看到自己的左翼彻底溃败，妻子也深陷危险之中时，他却选择了弃甲逃亡，预示了波斯军的战败。

波斯军队军心散漫，争相向旁边的山丘车里。波斯军队中的大部分士兵都在战争中被屠杀，据称这场战争导致 10 万波斯军死亡，其中包括多位统帅。大流士甚至抛弃了妻子、妻子的母亲，以及他的儿子。马其顿军丧失 450 个士兵。

伊苏斯大战告捷，亚历山大往南向腓尼基进军，以确保重要海滨城市的安全，压制了所有地区的反叛，一直到埃及。亚历山大所到达的一个又一个城市都鲜有障碍，并为收复的城市提出合理的条款。

到了叙利亚，亚历山大收到了来自大流士的信件，大流士请求释放其家人，并提出和解结盟的请求。而亚历山大罗列了波斯伤害希腊军队的人数、大流士的敌意、波斯法庭煽动谋杀其父腓力二世这些罪状回复信件。在回信的最后，他提出了几条不可动摇条款：

“我是亚洲之王。到我这里来吧，你就能得到你所请求的东西。但如果你否认我是你君主的地位，不肯屈膝，执意为你的王国而战。无论你逃到那里，我都能找得到。”

然而，亚历山大无所畏惧的驱动力会再一次带领他与可怕的敌军相遇——一个将亚历山大的才智逼至极限的敌人。

要拿下整个腓尼基就差最后一个城市——提尔了。它不仅是腓尼基，也是世界重要海军基地。一旦占领了提尔，亚历山大就能够安全地南下进军埃及和巴比伦。提尔大使与亚历山大会面，递交投降书，也同意上缴军舰，但这一切的前提是不能让亚历山大进城。提尔官员还要求，一旦波斯胜利，提尔能够恢复自治，这更让亚历山大无法接受。因此提尔城门紧闭，进入防御状态。

亚历山大和他的将军们都一致认同拿下提尔。但问题是如何才能攻城？这座城市坐落在 3.2 公里长的狭窄岛屿上，与海岸线之间相隔一条 800 米宽、5 米多深的海峡。岛屿周围筑有坚固的高墙，培育了 3 万名士兵时刻应战，拥有对抗外部势力的机械武器以及一大批军舰。

马其顿统帅认为他们面临着一个不可能完成的任务，而对此，亚历山大的回复是："对于我这个敢于尝试的人来说，没有什么是不可能的。"由于亚历山大没有船舰，他下定决心用石头、泥土和木头建造一条 60 米宽的、能够跨越海峡的道路。

建造者来自邻国各地，这条道路的建造进展迅猛。然而，越来越接近深水区，也就预示着越来越接近投射区，提尔人正伺机而动。他们派弓箭手，用弩具、弩炮和其他攻击性武器，及运载着类似武器的船舰，在海上、在岛上日以继夜地破坏亚历山大的通路建设。亚历山大则下令建设堡垒来保护他的工人，并且建造了两个大型攻城塔保护整个建造工程，派贴身弓箭手和攻城器来与提尔船舰保持距离。

在掩护之下，工程又得以取得进展。然而，提尔人同时也正筹备着一次强大的防守反击。后来，提尔人终于等到了天时地利的一天，大风直直地刮向亚历山大建设的通道，他们将大批可燃物装入一艘古老的运输船内，并在船头挂上了装满油料的大锅，这样只要锅中油料洒了出来，就会助长火焰。提尔人点燃运输船的易燃物，大火船随即撞上堤上的攻城塔、堡垒和其他攻城武器。

大风助长了火苗，火焰越来越旺，根本难以扑灭。攻城塔和胸墙一个接一个倒下，堤道的末端也收到不同程度的损伤，并被海浪冲刷。连月努力得到的成果在一个小时内被摧毁。

亚历山大的几个军官建议再与提尔人谈判，而只要提尔人能够为军队提供轮渡运输，敌军就有机会接近自己，自己也再难以向波斯进军了。“不！”亚历山大回应到。提尔必须拿下，而且他已经想到了解决眼下困境的方案。

亚历山大计划在一个更好的位置建造一条能够支持两座攻城塔的加宽长堤，用以保护他的工人和士兵免受提尔士兵的攻击。同时，亚历山大还会部署自己的舰队。

“舰队？”他的军官问道。他们根本没有船只。但至少，目前还没有。

修建新堤道的工程开始了，亚历山大集合了一小批军队向附近他还未占领的城市进发。他很快便收到了这些城市的投降书，形成了一支由 80 艘船组成的舰队，装载着围城机械。当舰队和堤道都准备就序后，他向提尔启航，发动攻击。

经过在城市各地区长时间的尝试和探测，漂浮着的机械终于找到了突破口：有一部分城墙的砌石相比其他的要薄弱些，且提尔人从没有想过亚历山大会把武器装在船只上驶向他们的城墙。

马其顿军成功突破城墙，但第一次的进攻被大量的投射物、火球以及其他武器所抵挡。三天之后，海面渐渐恢复了平静，亚历山大在弱势位置重新组合了武器配备，并下令让其运输船同时装载投射武器和弓箭手，先在岛屿周围发动小型进攻来混淆卫戍部队的视听。一旦攻墙武器瓦解了一大块城墙，桥梁塌下之后，马其顿军便大举进攻，涌入提尔城。

亚历山大带领第二批军队冲入提尔城，尽管提尔军队誓死奋战，但还是敌不过英勇善战的马其顿精英们。提尔城很快就被洗刷和占领，亚历山大的士兵们一心想为被提尔军杀死的兄弟们报仇，他们被俘虏后受尽折磨的，不但处以绞刑并挂在城墙示众，而且还被扔进了海里没能安详入土埋葬，马其顿军在提尔开始了杀戮，上万名提尔人死去。

于是，7 个月后，提尔被攻陷。亚历山大出神入化的能力再一次声名远扬。

在提尔围城战期间，亚历山大收到了大流士的第二封来信，说如果能够释放其家人，他将赠予亚历山大一笔巨大的财富，并同意下嫁其女，还割让幼发拉底河以西的波斯领土。帕曼纽对亚历山大说：“如果我是你，我定会接受这个提案。”“如果我是你，我也会接受。”大流士如此回应。

亚历山大回应大流士，整个波斯都应当是他的，如果他想要娶大流士之女为妻，不管大流士是否同意，他都会娶她，并且，他并不需要什么钱财。因此，亚历山大仍旧将大流士一家作为人质，以崇高的礼遇照顾这些人质，他希望让大流士长期陷入苦恼中，动摇他保护其王国的决心。

这一点很有趣，强大的驱动力通常能够产生一种自豪感，有时表现为狂妄自大。论能力，大流士连亚历山大的一半都不及，对于把亚历山大和大流士两人相提并论这件事，马其顿人耿耿于怀。不管是多么伟大的男人或女人，不管他们表面上多么谦逊、慷慨，他们在内心都是缺乏自信的弱者。他们拥有罕见的对于智力和能力的信心，而且并不羞于表现出这种能力，即使只是用行为来论证他们的能力。这种自信心往往会被误解成毫无羞耻心的自爱，好像只有顺从温柔的行为方式才是能够为人所接受的唯一方式。

公元前 331 年的 9 月很快就到来，亚历山大向埃及进军。他来到了这座拒绝投降的可怕城市——加沙。围攻加沙城也面临着巨大的难题，主要是因为这座城市坐落在高岗上，但在亚历山大的眼里，这也不会成为任何问题。

亚历山大与各位工程师商讨后形成了一个方案，环绕全城堆建巨大的土岗，这样投石机就能被推到高处进行攻击。这个计划最终奏效了，亚历山大在两个月内成功攻破了加沙城墙。虽然前三次的进攻都被英勇的加沙士兵誓死抵御住了，但在第四次围城战中，马其顿士兵终于打开了城门，全城逐渐落入亚历山大手中。

亚历山大继续攻占一个又一个地区，在叙利亚和腓尼基建立起强大的政权后，朝尼罗河流域国家进军。埃及与其波斯主人其实没有任何契约关系，他们是一个和平主义的民族，所以新征服者的出现对其人口和统治的影响其实相差无几。

两个世纪以来，埃及人一直在波斯的压迫统治下生活，所以他们张开双臂欢迎亚历山大和其马其顿军队的到来。亚历山大恢复了埃及宗教和习俗的自由，并给予其政治自治权，并将所有的税收管理在国家金库中。亚历山大在尼罗河的出入口建立了埃及亚历山大城，这座城市后来变成了地中海沿岸国家的主要经济和文化中心。几个月以来，亚历山大的宝剑以及其战友的宝剑不仅仅用来杀戮，而且成功地将这个著名的国家推向了经济、社会、学术的新巅峰。

在得到欧洲国家的支援之后，亚历山大认为兵力已经足够攻占巴比伦了，于是他北上向底格里斯河进军，继续深入波斯腹地，并在那些被攻占的城市建立起伤病避难所。这些国家形成了作战通讯城市链，后来渐渐对希腊文化形成了认知。

大流士在伊苏斯的战败已经是一年前的事了，那次战败让他失去了一支巨大的军队。亚历山大的人后来抓住了波斯侦察兵，他声称目前大流士仍有 100 万人的军队，远比亚历山大 41 000 人的军队要庞大。于是马其顿军队开始人心惶惶，然而没有任何障碍可以阻挠亚历山大，他会因为一支 100 万人的军队而受挫吗？

亚历山大了解到大流士将其大部队安插在马其顿军计划穿越的底格里斯河，这一定会对马其顿军队造成伤害。所以这位年轻的国王改变了路线，从大流士部队的北面进军，这样一来马其顿军也不用逆流渡河。几天后，马其顿军队终于在高加米拉平原与波斯军交战。视线所到达之处布满了大流士旗下的步兵，将近 10 万骑兵携同战象如同海浪一般涌来。

亚历山大和其统帅们对战地和敌人进行了精细的调查。他采取慢打战略，他深知在战争中唯一获胜的可能性就是利用完美的作战战略和战术。统帅帕米尼奥建议在夜晚进行突袭，但是亚历山大驳回了其建议。他希望在公开公平的战斗中打败大流士，不留给他人任何反弹的余地和借口。

帕米尼奥和左侧的士兵们成功袭击了波斯的战车。相反的是，亚历山大冲入前方大批的波斯敌军队伍中，大流士试着从两侧包抄亚历山大，但是大亚历山大的护卫队伍成扇形展开，牢牢地守护着外围。大流士又试着调动阵型，领中心骑兵进攻马其顿军，并让中心步兵也朝同一个方向移动。亚历山大全面的战场感知能力让他能够时刻察觉并辨认出敌军的花招以及波斯军前线的缺口。亚力山大抓住这个机会，立刻率领近卫骑兵以楔形向波斯希腊军的中心位置猛冲过去，而大流士就在前方。

勇猛的波斯军毫不退让，保持进攻态势，然而他们却不是亚历山大和其近卫骑兵的对手，不过他们也从未找到过对手。马其顿军在敌军阵列中杀出一条血路，大流士惊恐地望着亚历山大冲破他的中心方阵，直直地向他杀来。这时候，大流士也并没有号令军队撤退出暂时的不利位置，他选择的是掉头逃亡。

尽管这是大流士第二次懦弱的逃亡，他骁勇的统帅深知这场战役波斯军仍然有胜利的可能，于是继续大举反抗。亚历山大刚刚的行为也让自己的队列出现了大缺口，这让波斯步兵和骑兵有机可乘，一下子涌入并包围了马其顿军的左翼队伍。帕米尼奥的队伍被牢牢地封锁住，差一点就被歼灭。

亚历山大察觉到了威胁，马上召集他的近卫骑兵支援帕米尼奥。同时，大批波斯部队听说国王再次抛弃了他们，便纷纷散开撤退，波斯中心阵列就此瓦解。

尽管马其顿军左侧受到厮杀，导致60位亚历山大的精英近卫士兵死去，然而波斯军队由于国王的逃亡而士气低落，马其顿军队的士气再一次高涨起来，重拾在战争中的有利战况，并继续攻打敌军，直到波斯军彻底溃败为止。然而，亚历山大的追击还未结束。在击败敌军之后，他马上出发追捕大流士。第二天追击112公里，但还未追上前方的大流士。

虽然大流士还活着，但他损失了4万~9万士兵，保留王位的希望也破灭了，而亚历山大只失去1 000人。胜利的消息传遍四方，如果百万大军都阻止不了亚历山大，那么谁还能呢？

这也为我们在如何克服困境方面上了重要的一课。不管你正在进行怎样的旅程，都不可避免地会遇到逆境，可能是以竞争者、敌人、干涉者、破坏者还是无能者之类的形式出现。抵抗逆境最为简单的方式就是完成你所计划要完成的事情。不要让它们干扰了你努力的方向，不要让它们给你一种“妥协才是上策”的错觉。在驱动力方面，要变得像亚历山大一样：向敌人展示真正的你是多么坚持不懈、无所畏惧，敌人也许就会像那个当初不断蔓延扩张的波斯帝国一样，即便配备了百万勇士，也会丧失斗争的意志，屈服于你的超凡能力之下。

亚历山大的故事此时还未说完。我们还可以从他的传奇远征故事中学到很多关于驱动力的知识，同时也包括驱动力的危害。

接下来屈从于亚历山大膝下的是拥有无尽财富的大都市巴比伦，以及国富民丰的苏萨这两座城市，当地人夹道欢迎这个新国王，这甚至出乎亚历山大意料。他慷慨赏赐了军队，并赠予安提帕特一笔巨大的财富，这笔财富有当时雅典击败斯巴达军队时年收入的 6 倍之多。

亚历山大为一位战役中表现英勇的波斯统帅赐名为马扎亚斯，任命他为巴比伦总督，同时任命几位投降的波斯贵族分别担任政治要职。然而军事上的统治权仍由马其顿士兵持有。这就是亚历山大另一个聪明之处，这种做法加强了被侵略国的拥护和忠诚，并能够得到尊重，同时也在向即将征服的人们发出信号：接受我，你们将生活得更好；反对我，那就等着受死吧。“我远征亚洲为的不是摧毁，我要的是让所有臣服于我的人，对我取得的胜利毫无怨言。”

疲惫的马其顿军此后休整了一段时间，也享受了巴比伦的不少锦衣玉食，因为之后他们即将启程开始最终的征途——占领波斯波利斯，波斯帝国的前首都，然后占领整个波斯帝国。然而，要想到达那里，需要渡过几条河流，越过一座在面积和高度上与阿尔卑斯山匹敌的高山，而这座高山被野蛮的部落所占领，再加上出征之时正值冬季。马其顿军团出发了，穿过岩石迷宫、越过悬崖峭壁、渡过湍急的河流、跨过山谷，最终在公元前 331 年末到达目的地。

这片土地由山地族群乌克西亚人管理，山中设有堡垒。据说，如果亚历山大想要穿过这块土地，必须像之前波斯所做的一样支付过路费。亚历山大对此一笑置之，他发现了另一条路线，一条需要爬山的崎岖路线。乌克西亚人惊讶于亚历山大一行竟能够在如此复杂的地域中如此快速地前进，并在其堡垒准备了最后一站。尽管配备了牢固的防守，亚历山大带领一支队伍进行围攻，在几小时后乌克西亚人便投降，对此亚历山大也接受了。

亚历山大继续前进，越来越接近那座暗藏危机的高山，它就是波斯关隘。关隘中一条路线可以通向波斯波利斯，但这条路线需要经过留守的阿瑞奥巴赞内斯人的地盘，他们当时仍效忠原波斯王。亚历山大本可以选择另一条更为安全的路线通往波斯波利斯，避免冲突，然而他却决定不那么做——选择一条一般人不会选择的道路。他这么做的原因十分充分——防止阿瑞奥巴赞内斯人和其 4 万人的军队一直在马其顿军队的后方，这里拥有清晰的视野，能看清通往苏萨、巴比伦河其他刚刚占领地区的路线。

因此，亚历山大将其军队兵分两路，一路跟着帕米尼奥，带着行李和工程炮兵沿着安全的路线穿过山麓小丘往南走，另一路由亚历山大亲自率领近卫士兵、长矛轻骑兵、骑马箭手以及弓箭手前往危机四伏的峡谷区。当亚历山大到达关隘时，发现它被高墙围了起来。一如既往，亚历山大计划直接攻击。进攻刚刚开始，亚历山大大吃一惊，他发现队伍进入了敌军的埋伏。

阿瑞奥巴赞内斯人预料到马其顿军会到来，因此在通往关隘之前没有设任何障碍阻止他们。当马其顿军队的前线到达了关隘最狭窄的区域，波斯人便从高处进行可怕的攻击，投以排剑、弹石以及巨石。整个马其顿军队遭受打击，但是仍然坚挺着作战。他们试着爬上花岗岩墙到达通道，一边一个帮一个往上爬，一边用盾相互保护。但是敌军源源不断的攻击严重破坏了马其顿军的队列，迫使亚历山大从看上去无懈可击的防御之中撤出，他必须找到通往波斯的其他路线。

这时，一个牧羊人冲上前来，就像是被上帝派来的那样，他早年被卖至波斯当奴隶，熟知附近地形，牧羊人向亚历山大展示了几条不为人所知的崎岖路径，只要穿过山便可到达阿瑞奥巴赞内斯的边界。亚历山大答应牧羊人，如果他说的话是真的，便会给他一笔大额钱财作为酬谢，如果背叛了他们，那等待他的只有死亡。亚历山大接下来的计划很简单：他自己带领一大批精英战士跟随牧羊人寻找其他出路，而方阵统帅克拉特罗斯率领剩下的士兵在高墙之前装作要进行第二次攻击。一旦亚历山大那支队伍在敌军背面各就各位，便会吹响号角，这时候克拉特罗斯就可带领军队冲锋陷阵。

牧羊人带领着亚历山大和他的士兵们在当晚迎着猛烈的风暴出发。他们需要走过近 20 公里，时间就是一切。如果阿瑞奥巴赞内斯察觉到了这次行动，并令军队在狂风中抓住亚历山大，那么亚历山大的东征可能就会以血淋淋的失败告终。但是亚历山大却自在惬意地开始了这场精心策划的探险，就好像他预谋的全力攻击会得到上天的助力，手到擒来。这就让人开始反思本次行动是否真的能够如愿以偿。

亚历山大的队伍在寂静的夜晚快速行军，沿着一条直达波斯军营的道路，天亮时到达了目的地。亚历山大等了整整一天一夜之后，将其军队拆分作战。一支分队前往附近的阿拉克塞斯河，建造一条唯一能够通向波斯领土的渡河大桥。第二支小分队由亚历山大带领，直接进攻波斯军营。

亚历山大的先头部队立刻突袭敌军的前哨基地，由于这次攻击太过突然，敌军毫无防备，各军营一个接一个被歼灭后，亚历山大率领的队伍不知不觉到达了敌军军营的边缘。同时，克拉特罗斯带领的队伍在墙外亮着众多营帐灯火，佯装亚历山大所有部队还停留在这里。当亚历山大的小队发出响亮的号角声时，整个敌军军营像凝固了一般。马其顿军队从四面八方涌入敌军阵营，敌军马上乱了阵脚。同时，克拉特罗斯和其军旅向高墙发起进攻，至其崩塌后，疯狂肆虐惊慌失措的敌军住防部队。

这次埋伏获得了巨大的成功。敌军几乎被撕成碎片。阿瑞奥巴赞内斯和他的贴身护卫想从后方逃走，不料正巧遇到了正在搭桥的马其顿军。波斯军选择自刎。后来，亚历山大召集了近卫军马上向波斯波利斯进发，迎着大雪一晚上行军 60 多公里，首都波斯波利斯还未听说山上发生了什么之前，亚历山大便到达了那里。波斯波利斯敞开城门，欢迎新国王的到来。

波斯波利斯用空前的盛宴招待亚历山大，然而与之前保留所有被占领国家的习惯不同，亚历山大这次采纳了士兵们的建议，为雅典人复仇。很久之前，雅典人被波斯国王打死焚烧，亵渎圣地，因此马其顿军一心想在波斯波利斯留下相同的印迹。于是，这座繁华的城市被掠夺一空，原波斯王那富丽堂皇的宫殿也在马其顿军队畅饮庆祝之后被烧为灰烬。然而，按照亚历山大的号令，女人和她们的珠宝绝不能动。

亚历山大像往常一样慷慨地赠与夜以继日誓死奋战的士兵们，但他绝不是一个安于长时间休息的人。在占领波斯波利斯后不到一个月，他已经去邻近几个部落周旋过多次，为了彻底完成融合希腊文明的目标。这其中包括那群可怕的山地人部落，他们掌控了波斯领土进入大海的道路，亚历山大想要利用他们的优势。为了接近部落，需要忍受冰冷的雨水，穿越盖满大雪的山丘，从冻结的陡坡上前行，从树林间开辟出一条条道路。

在这个亚历山大大帝的带领下，没有什么困境是不能被克服的。他成功地见到了山地人，并与他们缔结和约，完成了亚历山大远大的规划。仅仅在 4 年的时间里，马其顿军队摧毁了强大的波斯军团，并占领了庞大的帝国领土，这般胜举远超一个世纪以前的国王薛西斯。

到公元前 324 年，也就是亚历山大继承马其顿王位的第 11 年，他率领军队已经过 35 000 公里的跋涉，战无不胜，终于在占领的领土上建立了 70 个城市，其中 22 个被命名为亚历山大城。这辉煌的成就便是亚历山大人生哲言的最好写照，“与其平平庸庸地过完一生，不如用短暂的生命换取一世的荣耀”他如此写道。

公元前 323 年的 6 月，32 岁的亚历山大高烧不退，一周之内便死去。不少传言说他是被密谋杀害，但是却没有任何确凿证据。

亚历山大深知自己命不久矣，便写下了长长的遗嘱，嘱咐他的继承者能够率领军队往地中海南部和西部继续扩张，建立城市，融合东西方文化。在亚历山大死后，他的统帅们以不切实际和花费过大为由废弃了亚历山大的计划。取而代之的是，他们将亚历山大占领的土地分别划分到各自名下，最终引起了内部以及与希腊的争夺战。

这场争执持续了 40 年之久，最后，血染马其顿王国，以帝国的崩塌告终。

亚历山大传奇般的神话很好地论证了，驱动力能够转化出巨大的能量，能够从体力、心理和精神上将自己提升到超越不可能的高度。尽管亚历山大是用战争来达到自己的目标，也有人把他称为是无情的杀手，我们仍然不可否认的是他对于攻占领土的同情心，以及他制定的外交政策都能够表现出他的内心不只是一个杀手，他的传奇故事比起毫无意义的大屠杀要意义深远得多。

天才从不会因为心不甘情不愿的责任去工作——他们工作的原因是自己拥有强烈的欲望，竭自己所能投入到一个项目中，并不吝惜发挥出自己所有的才华。你的雄心会为你铺设通向成功的道路，而驱动力能够帮助你走通这条道路。洛克菲勒曾经说过：“我觉得想要获得成功，没有什么品质比坚持不懈更为重要。因为坚持能够克服所有的东西，甚至是自然。”

很多人后来才发现他们辉煌的成就原本都是毫无目的，并为之怠倦的。

史蒂芬·霍金曾经是一位“厌倦了生活”的年轻大学生，没有任何他认为“值得去做”的事情。当他在 21 岁被诊断出患有肌萎缩性侧索硬化症时，医生说他仅剩下两年半的时间。此时很多人都会陷入郁郁寡欢的状态，并接受死神即将到来的事实，然而霍金却决定开始做一生想要完成的事情。如今，霍金已经 70 多岁了，他出人意料的寿命让很多科学家都惊叹不已，而且他已经成为史上最著名的科学家之一。

亚历山大的驱动力就如同神一般强大。当他在小亚细亚的海岸登陆时，在他正前方是广阔的领土——曾经所向披靡的波斯军团所建立的城市——而此时，亚历山大看到的是可以攻占的广袤领土，以及不久之后便会称他为王的百姓们。

而对我们来说，通往成功的旅途可能不需要像亚历山大那般的强大意志力。我不知道近代社会有没有什么可以与冲杀十几万士兵那样的经历相提并论。但是，如果我们能够抓住亚历山大精神和世界观的一些碎片，那么什么也都无法阻挡我们在探险旅程中前进了。

著名英语学博士詹姆斯 · 辛普森曾经写道：“一种热情的欲望和一份不屈不挠的意志力能够让我们做到本不可能的事情，也会感染一颗冰冷的、羞怯的、脆弱的心。”

所以，驱动力背后是什么？天才们是如何找到坚信目标和自我才能的能量和自信的？他们又是如何找到坚持自我信念，直到理想成真的大胆无畏之心的？

目标的力量

目标是实现抱负的燃料。目标为我们设立了终点站。只有全心全意融入到生活中，我们才能够感受到哪些才是真正重要的事物。目标就是激发我们灵感，照亮我们前程，让我们扬帆起航的东西。

著名的作家、史学家和散文家华盛顿 · 欧文曾经说过：“伟大的头脑拥有许多目标，而普通人有的只是愿望。渺小的头脑已经被各种不幸所驯服和压制，但伟大的头脑总是能够征服不幸。”

寻找人生的目标和意义是自古以来每种文化间都纷纷推崇的强大的、永恒的主题。你能够在荷马史诗之《奥德赛》中找到这个主题，而且它影响了历史中无数个灵魂人物；你甚至能够在当代的文化中找到这个主题的身影，如电影《夺宝奇兵》再现了《珀西瓦尔》史诗的场景——勇敢的印地安纳·琼斯寻找圣杯的故事。在《星球大战》三部曲中，卢克·天行者面临了他最惧怕的达斯·维德和银河帝国。这些影片都将英雄的传奇故事现代化，体现了找寻人生意义以及正义总能战胜邪恶的主题，这绝不是巧合，因为这个是有史以来最受欢迎、最为成功的主题。

史上最畅销的书《思考致富》的作者拿破仑·希尔曾说："如果我们想要取得成功，有一项品质是我们必须拥有的，那就是对目标的确定性，我们需要的是什么知识，以及获取这些知识的熊熊欲望。"

曾经，亚历山大拥有的几乎是非人类的力量，他拥有的是野心勃勃、专一无二的目标。而像他那样坐拥王位的人往往满足于身为王者尽情享乐的状态，亚历山大却与众不同。他并不在意自己拥有的任何财富，他想要的是辉煌的使命和永生的荣耀。比这更令人惊叹的是，他让自己成为了一个公平的、理智清醒的、富有同情心的征服者，这一切都并非是典型征服者的特点。亚历山大所在的时期，拥有像他这般地位的人通常会陷入毫无理智的屠杀，以被征服者的堕落为乐，然而亚历山大却不仅没有追随这种做法，同时也禁止这种行为。

在亚力山大去世的前一年，他想要继续从波斯向印度扩张，征服还未占领的世界。当亚历山大向他的军队宣布这个计划时，所有士兵都暴动了。他们太过疲倦，只想要回归家庭。即便用尽了各种积极政策，以及无数动人演说，亚历山大都没能说服他的士兵们继续征程，于是亚历山大将他们撤职，并将自己降职为帝国的管理者——一个他不情愿的职位。蒲鲁塔克描述这位国王："丧失了意志力，不再相信神灵的护佑和支持，也对周围的朋友疑神疑鬼。"

由于他人的阴谋，亚历山大的挚友菲洛塔斯以及统帅帕米尼奥被处死，他还以酒后诽谤之名杀死了勇敢忠实的克雷塔斯。亚历山大彻底堕落了，甚至差点自杀，这也导致之前对他敬爱万分的民众对其产生了不满。

亚历山大的困境并没有在这里停止。他最好的朋友、统帅赫菲斯辛神秘死去，流言传来说是被毒药致死。失去挚友的亚历山大陷入疯狂的暴怒中，上万名波斯人为此付出了生命，亚历山大的自我神格化越发严重，而且开始采取原本希腊所蔑视的波斯习俗。

最后，亚历山大——这位从不惧怕死亡的勇士，这位常常能够逆转险境的君王，这位被他的敌人称之为战无不胜的战士，在连夜的酗酒之后，因为无法解释的高烧失去了生命。很明显，一旦亚历山大失去了野心勃勃的目标，他便失去了一切。如果我们能够通过努力获得成功，我们必须学会应用亚历山大为我们上的最后一课。只要记住：如果目标死了，整个探险旅程也会顷刻结束。

但是什么才是一个真正的目的呢？

字典上是这么解释的：做事的缘由以及事物存在的缘由。它是人们设定的主题，或是人们想要到达的尽头；一种意图。

目标为我们解释了要做什么，而目的为我们解释了更为重要的“为什么”。当让某一件事发生的意图十分微弱时——可能是你还没能感受到心中的“火焰”，那这件事就不会发生。忽视目的性的人无法取得很高的成就。没人会专注内心无法感知的事物，从而意志力迟早会消弱。

早起工作是否让你感到兴奋？你是否能够从纯粹的工作中享受到快乐，而非工作带给你的东西？拥有目标的时候是否让你感受到深深的责任感？

每一位探险家都需要询问自己有关目的性的问题。如果这些问题的回答是积极的，那么你在追逐梦想的道路上很可能伴随着强大的目的性。如果对这些问题的回答的积极性微乎其微，那么你所有的行为可能只是一时的冲动。前一类人的做法孕育了毅力和勇气，并为之后带来更多的机遇和成功。后一类人的做法产生的是对生活的冷漠和困顿，甚至连一点点压力都无法克服。

当你的船只突然出现漏洞，眼下救船成为了你的当务之急。因为你可以跳下船只，开始把浸入的水一点点舀出来，防止船只下沉，但是你却忘了此时没有任何人在引导船往正确的方向走。有一天，在日复一日的舀水但不知何时才能舀尽之后，你探出脑袋看看船头正在前进的方向，全然不知正在往哪儿走，你怎么才能走到目的地。这就是毫无目的的生活。人们往往集中注意力在不要淹死这件事上，而无法意识到根本没有人在掌舵。

不幸的是，明确你人生的目的需要时间——安静的、不受打扰的时间，这是大部分人所欠缺的。我们奔波于完成一个接一个的使命，从没有在“5 万英尺（15 公里）”开外看看目的地的位置。如果停下脚步，询问自己人生的意义和目的，这可能显得有些任性妄为，但是这对于你的旅程确是不可或缺的。

斯皮尔伯格、卡森伯格和格芬建立梦工厂之初的目的，是为了娱乐大众，为人们带来欢乐，收益退居其次。他们经历了困境，两次几近破产，但是出于对工作室远景的坚定信念，并相信其存在的意义，他们不断地坚持。如今，梦工厂正是世界上最大的电影工作室之一。

没有人可以将一个目的强加于你身上，目的必须是你通过自由意志选择得来的。要拯救地球的人类有很多办法，但你必须找到一个属于你自己的办法——一种促使你能够立刻放下这本书，行动起来的方法。就像霍华德 · 瑟曼所说，你必须寻找到活着的理由。

所以，在开始任何一个冒险之前，在选择任何一条路径之前，不要忘了问问你自己“为什么”：为什么你选择做这件事？为什么这件事让你兴奋不已？为什么这件事对你十分重要？当你对这些问题都能够做出坚定的、真心的回答，这时候你就已经找到了那个“目的”。这即是人们开启成功大门的驱动力的来源。

关于这个人生目的的故事还有很多没有说完。唤醒了目的之后，你便创造了一块引火柴，而不是火焰。你开始去做一些事情，但你必须用很快的速度将引火柴一块块堆积起来，来完成所有天才都会经历的蜕变。你已经准备好了进入第一场通往成功的战斗，一场在工作和懒散之间的战斗。

很多人宁愿付出一切来避免工作。他们有精美的数据表格、体面的提案、充满了花言巧语的 PPT、在香槟酒会上的满口豪言壮语。

他们通常能够一口气讲出仰慕自己想法的一连串行业博主名单，人们排着队伍都要倾听他们的演说，以及那些 10 年计划和分销模式。但是如果你去问问他们真正做了些什么，有没有把抽象的观点变为实用的、有价值的、可实施的计划？可能这时候，他们便会陷入尴尬的沉默了。

这些自诩的空想家是不会明白他们自己的问题，或许他们也不需要明白。他们并不在脚踏实地地工作，即便他们每天奔波劳碌，也并不会在自己的领域取得成功。那么，什么才是工作？

工作是由能够直接创造有形的、可交换的、具有长远价值的行为。工作包括如何将创造物变成用户和消费者真正所需的东西，从而进行等价交换。一个天才的驱动力往往是这种工作的方向。

如果你想出了一个金点子，它能够改变世界运行的一些规律，但只是通过发表推特、博文的方式，这并不是在“工作”。你可以构想出吸引投资的方案，拿出证据，这是“工作”。如果你的大脑中翻滚着一些想法，你认为这个世界需要认真聆听你的想法，花费 50 小时寻找灵感并推翻他人的观点，这并不是在“工作”。列出你所有的想法，使之有框架有结构，起草你的第一个方案，这才是“工作。”

亚历山大以他无与伦比的对工作的投入而闻名。当他锁定了下一个旅程的目的地时，无论是下一个待征服的城市，还是下一个待围剿的区域，他每时每刻都清醒地在行动，都在朝目的地前行。用他自己的话来说，世界上最具奴隶性的事便是“享乐”，而最荣耀的事便是“劳作”。

同时，亚历山大还深知“动力”的重要性。一旦你开始了行动，便很容易一直处于行动的状态，每时每刻都在加速。亚历山大越是接近完成目标，他的动力就越强。看看他在波斯关隘所取得的突破，他才刚刚完成了一次艰难的进攻，甚至超过一天没有睡觉，他的军官们都建议他和士兵一起庆祝即将到来的胜利，这将是波斯最后一次顽强抵抗，劝他好好休息，波斯波利斯一定就是马其顿的。可亚历山大没有这么做，他听从了内心的召唤。一个具有如此强烈驱动力的人，是不可能在终点线就在眼前的情况下停下来的。

如果“工作”是通往成功的关键，什么可能阻止我们呢？

答案就需要我们扪心自问，如果我们想要继续前行探索，就一定需要像亚历山大那样的活力和意志力。

厌恶工作的隐形公敌

对工作的抗拒是无形的、危险的，也是具有普遍性的。我们无法看到这种抗拒，但它此时就在你的内心，你能够感受到它的存在。抗拒心理会以一切方式让你远离工作。它会向你撒谎，会强词夺理，有时咄咄逼人，有时唆使诱骗，促使你听从它的安排。它能够说出任何的话语和你达成共识，之后又在背后捅你一刀。它不在乎你是谁，你想做什么，它是毫无意识的。如果天才密码能够唤醒我们内在的潜力，那么抗拒心理则会给予压制。

抗拒心理最憎恨的东西是什么？

——任何具有创造性的艺术行为，任何一种创业家精神，任何新颖的饮食方式和健康的生活规律，任何提升心理的手段，任何形式的教育，任何积极向上的事物，简而言之，任何需要我们放弃眼下一事的愉悦，转而寻找长期成长和成就感的事物。

抗拒心理爱的是借口、狡辩和妥协。它总是会对你说，明天再做吧，再等等吧，等你变得更聪明、更强壮、更富有、更快乐、更主动、准备得更加充分的时候吧。它总是会建议你，不要给自己找麻烦。你是谁，怎么有能力可以挑战改变现状？你真的觉得你能够克服困难吗？抗拒心理花样可不少，比如各种转移注意力的事物，各种愚蠢的事情，以及死胡同，而且，它可是一个了不起的“推销员”。

亚历山大去世前的几年里，他失去了他唯一重要的工作——为自己、为希腊对英雄荣誉的追求，只有拥有这种追求，才能够抵御抗拒心理的侵入。可是抗拒心理的恶势力乘虚而入，吞噬了这个想要征服整个世界的人，而且事实证明，这个任务它完成得非常出色。如果它连亚历山大的能力都能够破坏，那对于我们常人来说，它也一定能够做到。

但是抗拒心理有一个致命弱点。我们是有机会扭转局势打败它的。

史蒂芬·普莱斯菲尔德在《艺术的战争》一书中，揭露了抗拒心理的致命弱点就在于它只会与你生活中真正重要的事物作斗争。它会杀死你内心深处最强烈的目的和欲望，你最真正的需求和天赋。是的，它会杀死它们。然而，这样一来，它就反而能够告诉你必须要做的事——创造伟大成就、幸福感和成功的秘密路径。抗拒心理猜你也不敢与它进行决斗。

如果你在做工作以外的事情时，抗拒心理便会对你冷笑，就像傀儡娃娃一样玩弄你。而你，正在一点点喂养它，让它逐渐变得强大。然而，当你在专心工作时，它会发出惊恐的尖叫。“你为什么不做其他的事，而是工作！”它会这么哭喊着。于是。它侵入你的大脑，把一切分散注意力的事装入你的大脑。脸书！推特！电视！手机！做任何事，但别是工作！

不要犯下错误。与抗拒心理的斗争就像是与死亡的战争。它会告诉你，想打败它，你还太弱小、太愚蠢、太懒散。但事实并不如此。讽刺的事，你越是服从它，它就越强大。

与它做斗争，认真工作，它便会消亡。完成工作的一点一滴都是对它的重击。在大量工作的面前，它的盔甲就会瓦解，它的力量就会消退，剩下的是只能细声细语说话的鬼魂。再做更多的工作，它甚至就会停止说话。

如果你想要达成一笔生意、创造一个事业、一段关系或者生活中任何一种东西，你便成为了一个战士。

你所面对的最初的敌人就是抗拒心理，正如我们在亚历山大的故事中看到的那样，它比任何危险的野蛮部落、坚挺的堡垒、强大的帝国还要危险。

通往成功的道路需要你勤奋地去工作，每天与抗拒心理作战。驱动力能够推动你向前进。如果说我们能够在亚历山大的故事中学到一些什么，那就是通过明确目的性来增强意志力，转化为行动，也绝不会后悔。如果说我们还能够在亚历山大的最大的失误中学到一些什么，那就是不要听从其他外部的声音，只需要聆听成功的号召，继续让自己变得强大。

7

知识的力量·雅典人的牛虻

“我就好像是一个在知识的海岸边游荡的小孩，每时每刻都想找到一块亮丽的小鹅卵石来取悦自己。”

——柏拉图

求索成功的旅程中，主人公要变得更加智慧、强壮，才能够越发适应即将面临的挑战。通常，完成整个旅程所必需的知识和力量是通过探索新奇的方式来获得的。

在电影《龙威小子空手道少年》中，宫城健介先生是训练“空手道小子”丹尼尔的道士，他用一种罕见的方式指导丹尼尔——家务活。他要求丹尼尔为汽车打蜡、用砂纸打磨木头、修理栅栏，以及画一座房子。这些鸡毛蒜皮的杂务怎么能教会他关于空手道的知识呢？在丹尼尔耐心的练习后，宫城先生揭示了其中的秘密，这让丹尼尔大为震惊，同时也感到欢欣鼓舞，因为在做家务时他的手并没有闲着，其实通过做家务的肌肉记忆，他已经学会了防守。

梵高二十几岁时非常明确自己内心的召唤：做一位新教牧师。他为入职考试精心准备，但仍然失败了。后来在布鲁塞尔附近的教会学校参加了为时 3 个月的课程，可再一次失败。虽然有些沮丧，但梵高并没有放弃，他在一个荒凉的采矿小镇上担任传教士，由于同情贫困群众，所以对他们特别照顾。教堂因为他是狂热教徒而开除了他，而他却从新爱好中获得了慰藉——炭笔素描。梵高的父亲鼓励他追逐艺术上的兴趣爱好，并安排他师从荷兰著名艺术家威廉·罗洛夫斯。罗洛夫斯发现了梵高的天分，并说服他去布鲁塞尔皇家艺术学院学习。就是在那里梵高学会了解剖、泥塑和透视，这些是“学会画画最最基本的知识。”梵高此时对艺术的理解和品鉴焕然一新，便决定听从内心的召唤：用创造美丽的事物来为他人带来快乐。

15 岁时，萨克森蛮人暗杀了亚瑟的父亲，亚瑟便继承王位，并成为了传奇的亚瑟王。他为了让王国恢复秩序，向魔法师梅林请求帮助。亚瑟王按照他和梅林共同定下平定王国的计划付诸行动。不久之后，亚瑟王就因为打败了蛮人部落而声名大噪，在梅林悉心的指导下，他继续扩张领土，后来征服苏格兰、爱尔兰和冰岛。

这些传奇的历史故事和小说告诉了我们，知识对天才密码的重要性。总的来说，天才是那些知道如何把事情做得比普通人更好的那群人。知识不仅仅是指单纯的信息，就如想象力能够把事实化为动态，赋予其生命一样，知识是另一种过程的结果，是一种通过西方哲学的神秘创始人教学方式才能够被理解的东西。

苏格拉底已经对他的腿毫无知觉了。

一种带有刺痛的麻木感正遍布他的身体，不久之后将会蔓延至心脏。那时，一个世界上最伟大的思考者便会死去。

雅典人指控他对神灵不敬，让年轻人堕落，并给他两个选择：流放，或处死。他拒绝流放并说他并不惧怕死亡，他会坚持自己的公民义务，并遵从法律，同意对自己的惩罚，接受死刑。

苏格拉底最终还是成为了历史上最有远见、影响最为深远的哲学家之一。事实上，虽然历史上从未提及一字，他仍然是西方哲学的奠基人之一。

苏格拉底的学生接纳了他的教学方法，并越来越大范围地以之改变世界。比如，柏拉图创立了著名的学院，在那里他曾教授了像亚里士多德、克里德斯 · 庞帝可斯、欧多克斯这类的名人；色诺芬曾率领 1 万名士兵进攻波斯腹地，他的书中也详细介绍了这次进军的细节，这位亚历山大大帝征服整个波斯帝国提供了极高的参考价值；安提斯泰尼采纳并进一步发展了苏格拉底的教学理论，并被认为是犬儒学派的创始人。

但是苏格拉底小时候更喜欢在体育馆里练习格斗，而不是在智力知识上的追求。18 岁时，苏格拉底到雅典军队参军，并开始了严格的军事训练。但是仅仅一年后，他对知识和真理的热爱就开始在心中发芽。在训练空闲时，苏格拉底花大量的时间来学习，并与当时著名的教育家讨论，比如普罗塔哥拉、普罗迪科斯以及希庇亚斯。雅典当时有丰富的文化、节日、竞赛和庆祝活动，苏格拉底能趁着参观周边城市时，花上好几小时与伟大的哲学家们探讨问题。

苏格拉底知道得越多，越意识到自己不知道的太多，并且越来越怨艾那些迷信虚夸的同乡。这些观点渐渐帮助他形成一种信念——他注定是要成为雅典城邦的“一只牛虻”。这样的启示让他为之振奋，他决定要将自己的一生投入到道德和智力的改革事业中。

雅典和斯巴达之间的战争硝烟弥漫，很多人都惧怕这场战争会吞噬整个希腊。苏格拉底此时也作为装甲步兵帮助压制波提狄亚的叛乱，这场叛乱而后演变成一场旷日持久的互相残杀。

回国的路上，苏格拉底和他的战友们在斯帕尔托罗斯遭遇敌军。雅典军在随后的一场惨烈厮杀中伤亡惨重。苏格拉底因为拯救了重伤的雅典统帅阿尔西比亚德斯而受提拔，而这位统帅后来也成为了苏格拉底的追崇者。

苏格拉底继续担任军事要职，并在代立昂战役后又进一步荣升，著名的雅典统帅拉凯斯因为苏格拉底展现出的英雄气概而大加赞赏，其勇敢的故事让他成为很多雅典年轻人心目中的英雄。

暗妃波里城战役是苏格拉底参加的最后一次战役，这之后他回到了雅典，将自己投入到哲学和认识论中。他强烈地反对当时盛行的诡辩学者，他们声称没有任何真假、对错的主观标准。苏格拉底通过当时还没有正式化的人类探索普遍真理的伦理道德规范，从而证明普遍的真理是存在的。

苏格拉底教授的第一堂课程是关于自我认知的重要性。他相信任何在或大或小的智力或实际问题探索过程中产生的困惑，其本源都是因为人们不能认识到自己知之甚少这个事实，其实“智慧的开端就是术语的定义。”

为了向学生实际传达这个概念，苏格拉底发明了一种独特的教学方式，包含两个阶段：消极阶段和积极阶段。这种方法后来被称作探索真理的“苏格拉底教学法”，可以说是他对西方思想做出的最伟大的贡献。

在第一个阶段（消极阶段），苏格拉底会采取一种全然无知的态度，开始向一个人提问，通过一个个提问来搞清楚某个话题。提问会一直持续到这个人最终意识到并承认自己对该话题的无知。这后来被称为“苏格拉底式讽刺”，因为在这个教学过程中苏格拉底需要假装对提问到的“高等的知识”毫无认知。

在第二个阶段（积极阶段），苏格拉底会预设一系列的问题，这些问题将会让学生提取出他们想要知道的答案，这个答案正是他们眼下讨论的问题的真正意义或定义。

这个方法的目的和原则是通过清晰定义的和理解的概念来建立知识体系。苏格拉底相信要达到这样一个概念性的理解高度，不仅需要理论知识，还需要道德原则。事实上，他认为所有的权利的实行首先建立在错与对、善于恶的明确理解和定义上。如果没有这样的基础，就不可能深入了解道德伦理。

苏格拉底非常喜欢用他的方法进行试验，因此他长时间在公共场所与人交谈，交谈的对象可以是任何人，任何愿意与他探讨的人——不管是奴隶还是自由人，不管是富有的还是贫穷的。他会应用“问与答”的方式来探究他所认为的生活中重要的方方面面，比如勇气、爱、尊敬、节制和灵性。而这都是因为苏格拉底坚信“未经审视的人生不值得度过”。

当他的朋友凯勒丰在特尔斐请求神谕，询问神世界上有没有比苏格拉底更具有智慧的人，神告诉他没有人能够超越苏格拉底的指挥。当苏格拉底听到这个消息时，并没有欢欣鼓舞。事实上，他开始通过接近雅典各位智者，通过询问他们来证明自己不如他们智慧，从而反驳神谕，这些智者包括诗人、政客和艺术家。在完成实验后，苏格拉底总结到，当每个人都确信自己拥有才能和智慧时，这些人的学问其实少之又少。因此，苏格拉底认为他必须成为雅典最具有智慧的人，因为他是当时唯一一个知道自己有多无知的名人。

苏格拉底的调查使得每一个他测试过的人都身败名裂，致使这些人心怀仇恨。苏格拉底对这些敌意表示自豪和欢迎，因为这论证了他的预言——有一天他会成为雅典的一只牛虻，现在他真的做到了。

被苏格拉底惹怒的人却想要彻底将他致死，并借由苏格拉底引起的丑闻，指控他使年轻人堕落，对神不尊。苏格拉底接受审问时并没有去说服陪审团他所坚信的无知论。他为陪审团上课，激怒了他们，陪审团最终判他有罪。苏格拉底认罪，但他认罪的原因并不是没有能力为自己辩护，而是不想在这一生中对陪审团卑躬屈膝。

当被问到对他处以何种罪行时，苏格拉底建议将在城市的圣火旁用餐作为自己的惩罚，从而来讥讽他的控告人——当时这种待遇用来奖励奥林匹克运动会的获胜者。后来他又上交了一笔微不足道的罚款以示自己并非富人。而检举人并没有被苏格拉底的提议逗笑，反而提出死刑的提议，陪审团很快就被说服，投票一致同意执行苏格拉底的死刑。

苏格拉底被执行死刑的前一天，本可以逃脱死亡的惩罚。他一个富有的挚友在死刑前一个小时到达，想要拯救苏格拉底。朋友安排了人贿赂守卫，好让苏格拉底逃跑，但是他却礼貌地拒绝了。朋友极尽所能想要说服他，但苏格拉底不为所动。

苏格拉底曾说过自己毫不惧怕死亡。他认为死亡只是肉体的终止，而肉体只是一个载体而已，人类是一个永生的、不变的灵魂，也是生命的起源。他对自己的门生承诺，他是不会消散不见的，而是会将生命注入另一个新的载体中。“死亡可以是所有事物的终结，也可以是另一个快乐的新生。”他坚持说。

在雅克 - 路易 · 大卫的油画《苏格拉底之死》中，这位哲学家身边围绕着几个感伤的朋友，包括柏拉图和克里同。穿着红袍的男人手拿着装有毒芹汁的药杯，他蔑视地指向天堂。

苏格拉底相信一个人拥有的知识越多，他便越能够在生活中做出理智的行为，从而获得快乐。相似地，达 · 芬奇相信，对于知识的索取总是有益于智力的，因为它能够帮助人们抛弃无意义的事物，留下最佳的事物。

就如天才密码的其他一些要素，显而易见，知识的益处还有很多。苏格拉底最著名的格言中有这样一条："我只知道我什么都不知道。"他认为求知能力巨大的阻碍不是我们不知道的知识，而是我们所知道的食物。有一点毋庸置疑，一个人认为自己什么都懂，但事实并非如此——这是一种对知识的错觉，将会成为深入学习某一学科最致命的阻碍。

当苏格拉底的弟子们想要试着学习一门新的课程时，他坚持为弟子们上的第一课就是让他们接受自己知之甚少的事实。他想要让弟子以一种假装全然无知的最初态度来进入学习。

对于虚怀若谷和开放新知的深刻观察，后来成为了西方思维模式信奉的最重要的教条，被很多伟大的思考家和科学家所认同。麦克斯维尔在电磁方面取得的成就被称为"物理学第二次伟大的一体化"，他曾经说过"有意识的无知是每一次科学进步的前奏。"克劳德·伯纳德最先将科学方法引入药物实验，他曾经写道："那些不知道无知有多么折磨人的人是不会尝到发现的乐趣的。"柏拉图也曾写道："我们所采用的学习模式，以及我们所拥有的知识，最多只是与我们不知道的差不多。"本杰明·弗兰克林认为"通往智慧之塔的台阶是对自我无知的认可。"

清醒地认识到自己的无知并不羞愧。只有那些聪明的脑袋才会注意到拥有知识的边界，以及边界之外的大量未知的事物。

这是一个天才最基本的先决条件。他们知道自己了解什么，也知道自己不懂什么。只有对于无知抱有谦逊的认知，才能让一个人意识到自己有哪些知识是自己不了解的。这是第一步。知识和天才的话题，还有很多内容。

“所有事物都会被各种人引发各种诠释，”哲学家和文化批评家尼采这么说。“每一种在某一时期盛行的诠释只是权力的体现，而非真理。”苏格拉底因为什么事情都要质疑而声名远扬，他从不做出假想，一旦他发现任何不真实的事情，不仅不惧怕改变现状而且会对外声明自己的反对意见。

1500 多年以来，医生“知道”肝脏负责身体的血液循环，用以替换其他器官消耗的血液。17 世纪 20 年代，哈维就人体血液的流动机制开展了深入调查，后来发现负责血液流动的器官——让血液进入循环系统的泵是心脏，而其他器官也并没有在消耗血液。

哈维的理论在当时不仅被认为是异端邪说，也差点葬送了自己的职业生涯。当时对于血液流动、造血、血消耗的观点需要追溯到希腊物理学家盖伦，他的观点在当时几乎是毋庸置疑的。但是哈维并没有停止自己对奠基人——盖伦的理论提出简单的、直接的质疑。

经过 10 多年的研究，哈维终于发表了突破性的发现成果，但也立刻被其他的学术同伴驳回。20 年之后，他的研究发现才渐渐被接受。

盖伦被认为是现代心脏和心血管药物的奠基人，事实上，哈维对于血液在人体系统中持续循环的发现是17世纪在生理学和药学方面最为重要和最具影响力的成就。

每当我们对自己所在星球、我们的宇宙和我们人类自我产生全新的理论转变时，都会出现类似上面所说的故事。你能想象1个世纪之后我们会知道些什么吗？谁又能知道我们现在推崇的科学、宗教会不会被未来的后代们所抹杀或改变呢？他们可能会嘲笑我们的无知，就像我们在嘲笑祖先们的迷信和自以为是。但是天才总是知道的更多。

天才知道不会有人无所不知。他们知道每一个人所能触及的领域都还有无数的发现等待我们去探索。知识对他们来说就是观察、最原始的思考以及应用。爱因斯坦说过，知识不是“信息”——真正的学习来源于“经验”，知识是一种动态的因素。

人类文明的进程依赖于像苏格拉底这样的人，他们总是足够聪明，常常询问“如果……那会怎么样？”他们总是充满了十足的好奇心，开始寻找各种答案；他们总是充满了热情，不管隐藏着什么未知数，最终都能够发掘；他们总是足够勇敢，向世界分享他们所学到的东西，并坚持自己所认同的真理。

如果你也像他们一样前进，那么便会唤醒你旅程中一些全新的挑战。为了找到自我，我们必须常常思考自我。这种自我意识就是通往个人主义的路径——下一个构成天才密码的强大元素。

8

保持自我·童贞女王

“以自己的方式下地狱是每个人不可剥夺的权利。”

——罗伯特·弗罗斯特

任何探险都会暗藏让你偏离路线的各种迷惑，这些迷惑会以各种形式存在：威胁、奖励、便利、分散、借口和需求。面对这些诱惑，弱小的人们便会放弃，从而迷失方向；而强大的人仍然坚守自己的目标。

“告诉我，哈利，你想再见到你的爸爸妈妈吗？”伏地魔问哈利，并用幻觉再现了波特先生、波特太太。“只要我们联手，我们就能让他们起死回生。我要的是一点点小小的回报。”哈利知道伏地魔想要的是什么。他把手伸进口袋里，拿出了一小块魔法石块。“对，就是这个，哈利。世界上没有所谓正义邪恶，只有拥有力量的人和惧怕寻找力量的人。我们一起，就能够创造无与伦比的东西。只要给我那块石头！”尽管哈利渴望见到自己的父母，他知道与这谋杀者共谋只会带来痛苦、悲剧，很可能是死亡。“你是骗子！”哈利哭着喊道。伏地魔意识到自己的骗术失败了，便命令他的属下杀死这个年轻的魔法师。

查尔斯·达尔文对自然历史深深着迷，但是他的父亲却坚持让他成为一名医生。然而达尔文却觉得医学院枯燥又令人烦躁，所以他把大量的时间投入到海洋生物和植物的研究上。这引起了父亲的不满，于是达尔文的父亲决定将他培养成教区牧师，并将他送往剑桥大学。很长的一段时间，达尔文都专注于收集甲壳虫，并为它们分类，学习当时自然学家的盛行作品。达尔文后来从他的导师那里收到了一份邀请函，邀请他加入为期两年的环球探险，共同研究自然。他的父亲毅然决然地拒绝了，并称这是在浪费时间，但最后也向达尔文妥协了。这次探险耗时 5 年，而不是 2 年。达尔文回来的时候收获了重大的研究发现，帮助他建立起对于进化论的突破性研究。

亚当和夏娃可以在伊甸园中吃任何一棵树上的水果，除了那棵智慧之树。有一天，巨蛇来到夏娃身边，引诱她说吃水果并非像上帝说的那样会带来死亡，而是会让你更加虔诚。夏娃看着这美丽的、多汁的水果，最终还是败给了诱惑。后来，她说服亚当吃下了禁果，当发现他们突然赤身裸体之时大吃一惊。他们用无花果叶遮住身体，躲躲藏藏，当上帝发现他们，并质问他们做了些什么时，亚当把他们的行为归咎于夏娃，而夏娃却把它推脱给巨蛇。由于两人的违抗，上帝惩罚亚当一辈子务农来延续生命，而惩戒夏娃饱受生育之苦。这对不知羞耻的情侣再也不能够享受伊甸园的美好了。

无论是哪个准备行动起来有所作为的人，都会遇到对想法的质疑，对动机的挑战，对行为的蔑视。然而，走向正确道路的邀请函始终都会到来，并会很快到来。你越是逼迫自己去发现独一无二的一面，这个世界越是会让你变得与所有人都一样。要想避开这个危险的拉锯战，通用解药只有一个：至始至终遵循保持自我。

对于成功的向往就是对于独立思考和个人行为的一种灵活的向往。保持自我是天才们对抗从众性、外界批评和排挤等社会压力的武器。如果你的武器——你自己的决心足够强大的话，就能够突破各种困难，生存下来，正如伊丽莎白·都铎一样。

伦敦里里外外遍布被矛枪刺穿的头颅，以及吊在绞刑架上的尸体。这些都是托马斯·怀特及其军队的遗体，一群共谋推翻英国女王玛丽一世，让她同父异母的妹妹伊丽莎白·都铎上位。

伊丽莎白进城的时候，拉开了马车上的遮阳帘，好让民众们看到她那张病怏怏的、受惊的脸庞。玛丽下令让伊丽莎白进入伦敦塔，那是一个众所周知充满了折磨和死亡的地方——皇家监狱，在那里审问她与这场叛乱之间的关系。那里的审问一定是不公平的，玛丽以及很多大臣决心要让伊丽莎白认罪，这样就能够正当地将她处死，消除这个他们认为对王位充满了威胁的人物。

那时，伊丽莎白只有 21 岁，但那并不是她第一次接受审讯，也当然不是她第一次遭受排挤和抛弃。事实上，从伊丽莎白出生后第一次呼吸开始，她就一直处于被拒绝和被摆布的生活中。

伊丽莎白是英王亨利八世和他的第二任妻子安妮·博林的女儿。安妮怀孕时，亨利公然反抗教皇，废止了与玛丽的母亲，即亨利第一任妻子凯瑟琳·阿拉贡的婚约，并宣称自己是英格兰国教会的最高首脑，这样，他便可乘职位之便解除婚约。于是，他剥夺了凯瑟琳的权位并宣布其女玛丽没有继承王位的资格。取而代之的是，他与安妮的新婚，才是合法的，而安妮的腹中之子——当时被预言为王子，会成为正统继承人。因此，伊丽莎白还是胎儿时，玛丽就萌生了对她的憎恶。

后来伊丽莎白出生了，是女孩。这令国王和王室人员感到失望和忧伤。亨利急于想要一位男性继承人的欲望一下子膨胀了，这也加剧了公众反对安妮的呼声，她在当时被认为是“国王的妓女”——一位耗费了大量钱财在锦衣玉食上的非正统妻子。

不久之后，安妮便再一次怀孕，但在 1534 年的圣诞节期间流产。亨利开始担心自己的第二段婚姻就如先前那段一样被诅咒，亨利第一段婚姻中，一位王子、一位公主分别胎死腹中，另两个王子没有活过 2 个月，一位公主在出生后一周便死去，而玛丽是唯一幸存的孩子。

直到 1535 年 10 月，安妮再一次怀孕。来年 1 月，安妮在 4 个月身孕时便不幸致使腹中小王子流产。这一次，亨利愤怒了。当安妮还在恢复时，他便宣称自己被邪恶的魔法陷害，并叫来一批侍从，指控他们与女王通奸，折磨他们直到认罪。同时，还指控安妮自己与其哥哥乱伦——这在当时是及其严重的叛国罪，以及控告她和其他的“情人”有谋害国王之心。

尽管这些罪状缺乏信服的证据，所有的指控仍然被判成立，安妮被判处死刑。1536 年 5 月 19 日，安妮被斩。那时，伊丽莎白即将满 3 岁，随着母亲的婚姻被判无效，她也和同父异母的姐姐玛丽一起被贬，不再是具有继承权的公主。可是玛丽被欧洲和大多数英国民众认为是合法继承人，而伊丽莎白却被认为是非法的私生女。

亨利在执行安妮死刑的 12 天后，就又与情妇简 · 西摩结婚。不久之后，在 1537 年 10 月，简为了生育等待已久的王子爱德华五世而难产死亡。亨利后来又与克里维斯的安妮公主结婚，这段婚姻很快就以离婚而夭折。下一任妻子凯瑟琳 · 霍华德是安妮 · 博林的表妹，她结婚一年后，被发现与前情人偷情，于是在 1542 年被处决。凯瑟琳 · 帕尔是亨利的第六任妻子，也是最后一任，她在教育和宗教改革上抱有极大的热忱。她是一位细心负责的继母，并为伊丽莎白安排了一位英格兰最具声望的家庭教师。

多亏了伊丽莎白的继母，她才有机会受到教育，也才能够成为一位合法的公主，在当时女不如男的观念中，伊丽莎白很快就显示出她的年纪不多见的、学习上的成熟和造诣，这赢得了国王亨利的青睐。

伊丽莎白后来又渐渐被培养出泰然自若、庄严娴熟的成熟形象。她总是把一本书带在身边，穿着朴素，这可在当时都铎宫廷里是不多见的打扮。伊丽莎白还以她的名义请来音乐家、乐师，购买一系列书籍。

伊丽莎白的童年和成年生活都拥有良好的教育，对于这一点，我们应该不会惊讶，因为许多天才的人生初期都是如此。特性、自主是一张巨大的网络，网罗着经验、观点、兴趣、态度、回忆和价值观。这些因素如何组合才能让我们成为自己，与我们去过的地方、看过的事物、思考的内容包括被接纳和被拒绝的事情，以及我们所做出的成就息息相关。通过培养一种对知识和周围世界的兴趣，伊丽莎白的个人认同感就她的年纪而言显得十分出挑，她强烈的自尊心也正反映了这一点。

亨利八世在伊丽莎白 13 岁时便去世了。根据亨利的遗嘱，爱德华将会继承他的王位，如果爱德华死前没有生育继承人，那么玛丽将继承王位，如果玛丽死前未育有继承人，那么伊丽莎白就会成为女王。

亨利遗孀凯瑟琳将伊丽莎白带回她位于切尔西郡的家，很快就与风度翩翩的护国公弟弟托马斯·西摩结婚。西摩的野心可不止于夺得君主之妻那么简单，可凯瑟琳对这却知之甚少。西摩计划赢得伊丽莎白——这位 14 岁少女的欢心，最终能够娶她从而进阶他哥哥的地位，将自己也挤上继承人的名单。

伊丽莎白在男欢女爱方面还涉世未深，当时被西摩有魅力的举止行为深深吸引。然而，不久之后，这种吸引却被恐惧所替代。西摩会在每天早晨带着妻子，突然造访伊丽莎白的闺房，有时调情逗趣，有时争吵搏斗。西摩很快拥有了通往家中所有房间的钥匙，并常常在伊丽莎白入眠后看望她。最终，凯瑟琳受够了西摩有失体统的行为，警告伊丽莎白她的位置可能会受到伤害，并将她送往极富盛名的英国枢密院生活。

后来就在那一年，1548 年 9 月，凯瑟琳生育小女儿后不幸离世。她的死亡意味着西摩将会重新寻找一位妻子，因此他将目标转移到伊丽莎白身上，对她百般示爱。西摩风流倜傥，每当伊丽莎白想象自己如果有这样的一个丈夫，都不禁兴奋起来。她的宫廷教师阿什利也对西摩深深着迷，因此对伊丽莎白的憧憬表示支持。

然而，迎娶伊丽莎白只是西摩很多野心计划中的一个。他努力加强其兄在年轻国王身边的影响力，并在宫廷权贵之间建立起追随联盟。同时，他滥用作为新一任海军大臣的职权，贿赂所有前往爱尔兰的舰队；他还出钱保护海盗，以此在海盗战利品中分一杯羹。

然而，国王爱德华的议会听闻了关于西摩的种种诈欺行为后，西摩不切实际的计划被制止了。为此，皇室开展了一次全方面的调查，同时也对西摩及伊丽莎白的关系做了调查。议会怀疑西摩想要谋权篡位的想法是由伊丽莎白的检察官和宫廷教师，以及伊丽莎白教唆的。

作为议会代表，罗伯特·蒂里特公爵不惜一切开始了残忍的审讯。很难想象，这对于15岁的伊丽莎白来说是多么伤痛的经历。蒂里特明确地对伊丽莎白说，鉴于其年龄，只要她肯认罪，是不会有任何惩罚的。然而伊丽莎白深知，一旦她认罪就会导致她最信任的人遭受审讯甚至处决，而这些人是一心想要保护她远离阴谋的朋友。

审问时，蒂里特被伊丽莎白小小年纪就能拥有如此智慧和审慎的逻辑所震惊。她小心翼翼地回答他的每一个问题，以至于蒂里特根本无法找到使其认罪的理由。审讯持续了近三周，他一遍又一遍地审核伊丽莎白的回答，想要找出漏洞或矛盾，然而一切仍然无懈可击。

虽然检察官承认了西摩对伊丽莎白的意图，伊丽莎白仍然坚持期间没有发生任何犯罪行为。她拒绝透露自己及其侍从曾经想过未经议会批准与西摩结婚，并告诉蒂里特自己对西摩毫不关心，而且他在凯瑟琳家的风流韵事对她产生了伤害，因此伊丽莎白要求护国公对此公开道歉，并释放她忠诚的侍从。

最终，蒂里特对调查做出了总结，他相信自己没有问出完全的真相，但是议会认为真相已经大白。然而，宫廷教师阿什利和检察官帕里先生却因为失职和愚昧，而并非因为违法行为被解雇。这让伊丽莎白倍感不适，她代表这两位侍从写信给护国公，请求饶恕，返回家中。她的愿望被允诺，但前提条件是他们不再探讨任何有关“婚姻”的事情。

而海军大臣的离开就没有那么舒适了。1549 年 3 月，在未进行审讯的情况下，西摩就因叛国罪被斩首，这让伊丽莎白颇为伤心。

这个经历在年轻的公主心里蒙上了一层阴影，同时也给她上了宝贵的一课：她的地位需要更多的责任感，而她的所有行为都需深思熟虑。她冷静的明智的天性救了她一命。这次的经历并没有转化为伊丽莎白的青春期焦虑和反叛，她从中对其生活的政治世界加深了理解。她认为，如果想要在这个环境下生存，她就需要万事小心。这样的性格转变对即将到来的审问意义深远。

伊丽莎白花费了巨大的努力重新赢得了护国公和议会的喜爱，她证明自己永远不会背叛他们。她低调行事，小心说话，毫不关心其身份为她带来的雍容华贵，并将其不足挂齿的小事也事无巨细地告诉议会。

她的深谋远虑终于获得了理想的效果，她的生活终于走上了正轨。她通过自行保管书籍，细心记录所有收支，并委托可信的顾问来帮助她管理不动产，从而化解了不稳定的财政境况，宫廷对她的行为都颇为欣慰。很少有像她这般年轻同样地位的女孩能够对这些事情操心操力，通过伊丽莎白年轻的身体，他们看到的是一个聪明的、具有强大意志力的、有能力管理其生活的女性。于是，宫廷的警备状态解除。

17 岁生日时，伊丽莎白已经是备受敬仰的人气公主，拥有高人一等的智慧、丰厚的收入和土地财产。她长成了一位妩媚动人的少女，拥有高挑纤细的身材、无暇的肌肤，她总是松松地绑着一头都铎王朝特有的红发。当她前往乡下旅游时，人群聚在一起只为看一眼这位因美德、学识和谦逊出名的新教公主。

当伊丽莎白长成了一位成熟女性后，她对英国宫廷的喧嚣置若罔闻。当爱德华国王在 1553 年身患重病，而且很明显他再也不能够康复时，宫廷便面临了一个谁能够继承王位的问题。护国公约翰·达德利以及其他的议会成员担心如果玛丽继承王位，她对罗马天主教的忠诚可能会破坏英国宗教改革；然而，如果伊丽莎白能够统治英国，很显然她不会成为他们所希望的傀儡。

达德利成功说服即将去世的王子，更改亨利八世留下的遗嘱，剥夺伊丽莎白和玛丽的继承权，转而让他的姑母简·格雷夫人作为继承人，而她正是达德利的儿媳。爱德华听从了达德利的建议，这让这位公爵正式成为了国家的统治者。

爱德华很快便不治去世，即便遭到极力反对，他仍然宣布格雷继承王位。英国人拒绝承认格雷作为合法继承人，因此每天都有上万个玛丽的支持者聚众表达抗议。国会很快便意识到达德利的行为是想将皇冠送入自己手中，便以叛国罪逮捕他，格雷作为女王的时间仅延续了 9 天。

排除达德利和格雷继承权之后，国会在 1553 年 7 月 19 日宣布玛丽为合法继承人和英国的君主。玛丽在伦敦接受继位时难掩兴奋，而此时伊丽莎白就在她的旁边。然而公众对于这位都铎王朝女王的支持也没有持续多久。

当时英国经济萧条，庄稼收成不理想，国内溢价严重，玛丽一心想要摧毁新教和英国宗教改革，复辟天主教，于是玛丽女王的民众支持率急剧下滑，直到 1554 年，她宣布将要嫁给神圣罗马帝国国王的儿子——西班牙王子腓力二世，那是一位和她一样推崇天主教的激进分子，这就意味着英国所有的新教徒都要受制于罗马帝国。英国新教徒们充满了焦虑和怒火，而且天主教徒也不希望自己的国家成为哈布斯堡家族（掌控神圣罗马帝国和西班牙帝国的家族）的附属品。

不出所料，反叛声四起。伊丽莎白便是各种反叛计划的关键，无论她是否愿意。因为她是玛丽王权的唯一替代人，而且作为一个谦逊的新教徒，一位考虑周到的、学识渊博的女性，也被广泛认为能够成为一名合格的统治者。玛丽没有以一位旁观者的身份对待这些谣言，因为玛丽曾公开否认伊丽莎白作为亨利八世之女的身份，并应允远方表亲在宫廷的优先级，同时还将自己母亲的悲惨命运归咎于伊丽莎白的母亲。伊丽莎白对此的反应很具个性：她并没有把自己卷入这孩子气的敌对中，而是返回她最喜欢的乡下小屋哈特菲尔德，并潜心学习，安全地从伦敦动荡的政事中抽身。

1554 年 1 月，伊丽莎白还是被拖进了叛国事件中。托马斯·怀特公爵，一位年轻的贵族，密谋违抗玛丽女王与西班牙腓力二世的婚事，计划发动进军伦敦并废黜玛丽女王的行动，然后开启伊丽莎白女王政权的时代。

怀特召集了 4 000 人向首都进发，但中途就被玛丽的军队打退并逮捕。他的士兵有些撤退了，有些投降了。后来，一封怀特在叛乱前写给伊丽莎白的信件被揭发，信中写到了怀特的意图，此信被玛丽的人中途拦截。同时被拦截下来的还有来自诺阿耶公爵的信件，他是法国国王的贵族，他在信中透露伊丽莎白事先就知道叛乱的发生，并反复谣传伊丽莎白正在招募军事支持者。这是伊丽莎白深陷的另一项指控，她需要找到力量，面对困境，抵抗姐姐玛丽的偏见。

尽管玛丽的议会没有找到有力的证据证明这些指控属实，他们仍然决定抓捕伊丽莎白到伦敦来接受审讯。她首先被带到怀特霍尔宫，在那里被拘几个礼拜，那时反叛军的首领也同时在被审讯。玛丽和她的大臣坚信伊丽莎白有罪，只是需要具体的证据来说服议会同意宣判她犯叛国罪。玛丽女王的大法官——天主教大主教史蒂芬·加德纳，尤其迫切地想让伊丽莎白永远地退出这个王国。他穷凶极恶地审问她，但她并未表现出胆怯。她坚决地否认参与该反叛计划的任何行为，并称自己从未泄露过重要国事，同时要求与她姐姐玛丽女王见面，然而加德纳拒绝了她的请求。

加德纳审讯受挫，但没有彻底放弃，他说服国会将伊丽莎白贬职，并送入伦敦塔，他认为自己在哪里就可以为所欲为地恐吓她，直到伊丽莎白透露任何可以判其有罪的证据。听到这个消息后，伊丽莎白充满恐惧。伊丽莎白认为这种行为仅仅是正式审讯前的仪式，他们一定会在之后的审问里无所不用其极地让她认罪，所以伊丽莎白请求写信给她的姐姐。苏塞克斯伯爵应允了她的请求，并为她提供了一支笔和一张纸，以便让她写下能够决定其性命的书信。

伊丽莎白写信时斟字酌句，不希望语气太过懦弱，也不宜太过强势，希望传达一种私人的交流。她提醒玛丽女王曾经承诺过她不会因为“没有答案没有证据”的罪行而惩罚她，并请求女王不要让自己血亲的命运落入其他大臣之手。她在空白的地方写下了音符以防别人造假，并在最后落款：“我虔诚地希望能够听到您自己的答案。殿下自始至终最忠诚的臣民伊丽莎白”。

伊丽莎白在绝望之时冷静又谦逊的这一尝试，成功地唤醒了她姐姐心中的同情心。她通过长期的学习和自省，培养出了一种优雅的道德意识，她相信马卡斯·奥里欧斯所说的“最好的复仇就是不要做那个伤害他人的人一样的事”。伊丽莎白想让玛丽明白自己无心去威胁她的王位。

这封信件在深夜被送到玛丽手中。在第二天阴郁飘雨的早晨，伊丽莎白被押送到阴冷的伦敦塔中。同时，玛丽因为那封信的到来显得怒火中烧，而拒绝读信。为了加深对这位公主的侮辱，加德纳安排她从叛徒之门下的船舶进入伦敦塔——这通常是被审判后的犯人返回监狱的入口。几个月之前，简·格雷夫人和她的丈夫达德利就是通过这扇大门之后被处死的，以讨西班牙国王的欢心。

伊丽莎白一开始在众目睽睽之下拒绝进入伦敦塔，抗议对自己的诬陷，但最终还是被带入了伦敦塔住所，那是一间只有一个壁炉和几扇小窗户的房间，并不是她想象中的昏暗监狱，但无论如何，她已经成为了一名囚犯。

然而不久之后，加德纳想从公主的身上得到任何判罪证据的企图全部落空。因为他的同事并不愿意强逼伊丽莎白，他们嘀嘀咕咕地说到这种行为今后有可能会招致不堪设想的后果。玛丽女王对伊丽莎白裁决明确表态，伊丽莎白叛国罪证据不足，即便之后发现了其他证据，也不会对判决起到任何作用，因为伊丽莎白在宫廷中赢得了一位强大的同盟——海军大臣威廉姆·霍华德。

处决伊丽莎白已经不可能，加德纳和玛丽暗自想要说服议会将其继承权剥夺。而伊丽莎白在伦敦塔中度过的两个多月的时间，增加了她在人们心中的好感，任何反对她的行为一定得不到广泛支持，无奈之下，玛丽勉强承认采取这种极具争议的方法实在不明智。

讽刺的是，释放伊丽莎白是西班牙国王腓力二世下的号令，当时他正要去探望玛丽。腓力二世知道，自己与女王即将到来的婚事会引起英国新教徒广泛的不满，而伊丽莎白则是他们最大的希望。他说：任何对伊丽莎白的不公对待只会让他在英国越发不得人心，也只会让这段婚姻变得更加危险。而且，他准备为伊丽莎白找到一个合适的夫君——一个认同哈布斯堡家族的男人，以便确保英国王位的继承者都留在他的家族里。

玛丽女王依然拒绝接受妹妹无罪的事实，并不情愿释放她，但玛丽毕竟需要竭力取悦腓力，所以还是妥协了。伊丽莎白在 1554 年 5 月 19 日离开伦敦塔，那天也是她母亲被处决的纪念日。

最终，伊丽莎白按照命令被安置在位于伍德斯托克一幢年久失修的建筑物里，在那里，贝丁菲尔德将她软禁。在离开伦敦时，大批伦敦市民都来目送伊丽莎白，希望她能一切顺利，人群一直延续到伊丽莎白的新住处——一个更为舒适的监狱。

在伍德斯托克时，伊丽莎白就发现贝丁菲尔德并非幕后元凶，他只是一位胆怯的宫廷官员，以听从上级指挥、谦逊内向为豪。但是他连伊丽莎白每一个不足挂齿的小要求都全部上报给议会做决定，并且还会从议会的答案中推断出很多全新的对伊丽莎白的限制。对于这个生怕犯一丁点儿小错误的、不会自行思考的腐儒，伊丽莎白对他心生怜悯。

经过数月恼人的生活后，伊丽莎白向她的姐姐和议会请求要么就通过审判指控她罪名成立，要么就恢复其自由能够进入宫廷。这就意味着伊丽莎白需要冒着与玛丽廷臣再一次发生冲突的危险，同时也留给了他们捏造伊丽莎白罪行的又一次机会，但伊丽莎白毫不在意。她坚信自己能够赢得玛丽的同意，然而现在还有另外一些烦心事困扰着玛丽。

1554 年 6 月 25 日，玛丽正式嫁给了 27 岁的英俊潇洒的西班牙国王。

伊丽莎白希望姐姐因为大婚带来的兴致能够改善自己所处的现状，但是她错了。糟糕的生活夜以继日地延续下去，因为贝丁菲尔德不断地拒绝伊丽莎白一切请求，不管是想借一本书，还是想要寄信给议会。同时，加德纳仍旧以只要伊丽莎白存活一天，新教徒就无法彻底根除为由，催逼对伊丽莎白进行处决。

然而，腓力二世此时又开始为伊丽莎白辩护，他希望在树敌之前，先能够与这位小姨子为友。而且玛丽现在怀有身孕，他已经开始寻找下一任妻子，以防玛丽难产而死。1555 年 4 月，伊丽莎白被送往伍德斯托克已经有一年的时间了，伊丽莎白被玛丽邀请见证她即将诞生的长子。

伊丽莎白到达的两周后，玛丽令加德纳以及议会最德高望重的成员逼迫伊丽莎白承认自己过去犯下的过错，并让其请求女王的原谅。伊丽莎白坚定地拒绝了这个要求，并声明自己不需要任何怜悯，她所要的是法律。加德纳后来试着诱导伊丽莎白说出责备玛丽女王的言辞，但事实证明，伊丽莎白比他想象得要精明许多。加德纳的阴谋再一次失败了。

后来的一天晚上，玛丽收到了女王想要看她的信件，为此，她已经请求了近一年的时间。玛丽一反常态，变得心平气和，尽管一开始见到伊丽莎白时还略有辩驳，后来却主动请和。见面后，伊丽莎白得以继续在汉普顿宫生活，由自己的管家照顾，也允许接见客人。

当伊丽莎白正享受着重拾的自由时，新教徒们对于腓力二世和罗马帝国的担心终于发生了。新国王说服议会废除亨利八世出台的新教相关宗教法，并将英格兰完全纳入罗马天主教的管辖之下。宗教制度的逆转让反异教行为再次盛行，导致不从国教派和不愿从国教派的人都被相继处死。杀戮很快就开始了，一些有名望的新教徒被吊在火刑柱活活烧死，有些遭致砍头之刑，还有一些新教徒被流放或是选择离开这个国家。

整个英格兰遍布了饥荒和贫困，朝臣担心有些大臣会计划造反。然而，屠杀还在继续，女王也因此得名“血腥玛丽”。

后来，比这个称号更为可怕的悲剧发生在玛丽身上。1555 年 7 月，玛丽仍然没生下孩子，后来被剖腹，结果腹中竟无胎儿。玛丽此前长期患病误以为自己怀有身孕。一个月后，腓力二世将他的妻子再次推入更深的绝望中——他宣布自己将离开英格兰，前往法兰西指挥军队。他在这个自己并不喜爱的国家花了超过一年的时间，娶了一个自己并不喜爱的、比他大 7 岁的女人，而且这个女人可能还因为身体虚弱无法生育孩子。因此，他已经没有任何理由继续留在英格兰了。

然而，玛丽对她丈夫的爱是真切的，因此她恳求腓力留下来。可他去意已决。在离开之前，他留下了明确的指令，令所有人悉心照顾伊丽莎白。腓力离开之后，孤苦伶仃的玛丽彻底心碎了。

对玛丽来说，黑暗的日子还没有结束。她的民意支持率每况愈下。这一年的后期，废黜女王支持伊丽莎白的起义再一次爆发。玛丽甚至已经没有精力试图惩罚伊丽莎白了，因为她深知自己的妹妹并未涉足这件事，而且任何针对这位公主的行为都与议会对立，甚至反而会提高伊丽莎白的支持率。1556 年 7 月，又一次反叛被玛丽镇压，这次反叛的带头人名叫克莱奥布利。

玛丽女王之后一直都未能怀孕，身体状况也极不稳定，伊丽莎白的即位已经成为了政治事实。腓力二世开始与伊丽莎白建立联系，从其家族和同盟中推荐适婚者，以维持英格兰继续纳入哈布斯堡家族的掌控。而伊丽莎白公主只是淡然地说自己不会嫁给任何人，无论国王的儿子或是其他更尊贵的王子，她都一一拒绝。这种独立判断和拒绝服从的态度让玛丽女王大为动怒，但此时她也无能为力。支持伊丽莎白的民众与日俱增，同时也包括各位议会大臣，因此任何试图将伊丽莎白排除继承位的行为都会被否决。

这一年年末，西班牙与法国交战。腓力在 1557 年 6 月说服玛丽让英格兰援助西班牙。然而玛丽的迁就带来的只有心痛——腓力给玛丽的回报就是彻底地离开，永不回来，以及在英格兰不幸及困境的清单上又加上了长长的战败名单。6 个月后，即 1588 年 1 月，英格兰失守加莱港口，这个从 14 世纪开始就作为英格兰领土的港口现在为法国拥有。这次战败被认为是玛丽女王统治时期最大的败笔。

战败之后，玛丽又再一次错误地认为自己怀孕了，这双重打击让女王彻底病倒了。玛丽时日不多，伊丽莎白开始采取行动不受他人阻挠，保护自己顺利就位，而西班牙王室也制定了许多计划来确保与伊丽莎白的友好关系。

1558 年 10 月 6 日，玛丽深知自己命不久矣，便宣布伊丽莎白为其继承人。11 日后，玛丽咽下了最后一口气，而年仅 25 岁的伊丽莎白，以谦逊和敬畏之心跪在玛丽面前，用拉丁语说道："这是主的恩赐，在我们眼中耀眼无比。"为了庆祝伊丽莎白的加冕，各地响起了铃声，放起了烟火，民众大肆庆祝狂欢，这与玛丽继位时的安静场面形成了鲜明的对比。

伊丽莎白敏锐地察觉到其中的原因：在女性的统治下，英格兰在宗教上被分割，同时也被卷入与苏格兰和法国的战斗中，被饥荒困扰，有累累负债，根本没有常设的军队或者是有能力的警队力量来保证社会秩序，整个国家也没有外交盟友来寻求支援。这就导致了很多人深信，男人才是适合拥有权力的理想角色，而女性则是冲动敏感的生物，从情绪、智力和道德方面看都不适合统治国家。

而这位女王却是从古至今的一个例外，可事实是伊丽莎白继承了一个面临崩溃的国家，所有的英国人都正用怀疑的眼光观察着这位年轻的、毫无经验的女王采取的每一个行动。

在知晓了这些现状后，伊丽莎白为了克服自己性别上的弱点，拟定了战略，集中精力表现她对人民的爱戴，以及对于中肯的建议以及议会的提议洗耳恭听的态度。她的智慧和意志力让其经受住了过去的考验——这绝非易事，并保持着相同的镇定和决心面对即将到来的挑战。

在伊丽莎白加冕后，紧接着又出现了家族结怨，而这个对象比之前的玛丽显得更为危险，她就是伊丽莎白的表姑玛丽·斯图亚特——苏格兰女王以及法国王后。斯图亚特宣称自己也是英格兰女王的合法继承人。玛丽当时在亨利八世的遗嘱中将其明确剔除出继承人，因此她一心想要洗刷这个侮辱，但究竟怎么做的，至今还是个秘密。伊丽莎白深知自己必须对她的苏格兰亲人倍加小心。

伊丽莎白继位后的第一件事就是为她的政府挑选人才。她排除了那些曾经在玛丽统治下加害于她的人，并对那些在伊丽莎白接受审讯时帮助她的人们给予了奖赏，肯定了他们的智慧、中立、忠诚和友谊。她将长久以来一直忠心耿耿的侍从和朋友威廉·塞西尔任命为首席国务大臣，后来他成为了伊丽莎白最为信任的顾问和知己。

在她与议会进行的第一轮会议中，女王伊丽莎白提出了宗教分歧的问题，议会大臣们很欣慰地听到她希望采取一个兼容天主教和新教的政策。伊丽莎白明确表明自己不会倾向任何一个派别，她所关心的主体是英国民众，只要民众忠诚于女王，他们信仰哪一个教派她都毫不在意。

伊丽莎白想到了一个解决方案，既不会严重冒犯天主教，也能够满足新教徒的愿望。于是，国会马上开始为基督教新教会立法，但是其中加入了很多天主教的元素。1559 年 5 月，英王《至尊法案》正式颁布，英格兰国教会正式建立，伊丽莎白作为最高管理者——这个职称是伊丽莎白深思熟虑之后的决定，因为传统的“最高首领”对于一位女性统治者来说显得并不合适。所有有关异教徒的法律全部被废除，避免残害天主教和基督教新教两方中的任意一方。

以上就是一个闪耀的例子，证明了一个人鲜明的个性和坚持自我能够引领千万的群众上升到一个更为文明的生存状态中。对于伊丽莎白来说，更为简单的选择也可能是普通人都更易接受的选择，就是遵循以往的历史进程：用复仇摧毁像天主教倾斜的制度。然而伊丽莎白却想要尝试一种全新的方式，一种建立在尊重和理解，并非相互排斥相互惧怕之上的方法。她希望基督教新教和天主教能够接纳相互的不同，不要挑起英格兰内部的战争。

在这个颇具吸引力的教会成立之后，伊丽莎白又开始处理议会更为焦虑的个人问题。这个问题困扰每个人：伊丽莎白究竟会嫁给谁，这个结果又会对英格兰造成怎样的影响。如今在都铎家族中没有男性继承人，一旦伊丽莎白突然离世，很有可能会导致一场争夺王位的内战。英格兰目前是一个军事力量匮乏、急需外援的贫穷国家，很多人相信，只有联姻才能够缓解眼下的境况。欧洲实力派相信这位未婚女王的伊丽莎白政权不会延续一年之久。她如果不联姻，那么她就只能选择被侵略者夺走王位。

伊丽莎白的大臣已经为她的婚事开始烦恼，并开始了联姻的外交协商，第一个提出协商的是西班牙国王腓力二世——他仅仅想要将英格兰重新带回天主教旗下。很多人认为伊丽莎白接受具有如此强权男人是意料之中的事，但是她却说自己再回复之前还需要先考虑一番，腓力的外交官大为惊讶。

伊丽莎白没有任何嫁给西班牙国王的意向，这种假装迟疑的态度只是为了达到外交目的。因为其姐姐与西班牙结盟，英格兰目前仍然与法国战火不断，但和解谈判已经在进行中。伊丽莎白在协商中需要西班牙的支持，并且她深知对方如果认为她即将下嫁西班牙，便一定会帮助她达到目标。1559 年 3 月末，英格兰和法国的休战协议几近完成，伊丽莎白便认为是时候结束她的伪装了。于是她优雅地拒绝了腓力二世的求婚，而他也马上高兴地迎娶了法国公主，战争很快就正式停止了。

腓力二世只是众多求婚者争讨伊丽莎白欢心的开始。然而，伊丽莎白有足够的理由来避免婚约。虽然未定下的婚姻成为了伊丽莎白的保护罩，但她的丈夫一定会期盼通过联姻来获得自己一方的支持，这样的婚姻责任需要深思熟虑。同时，她也担心一旦同意了欧洲皇室的追求，英格兰对欧洲皇室的重要性便会大大降低，她肯定，到时对方一定会将婚姻视为侵占英格兰领土的契机。因此，伊丽莎白继续维持与欧洲大陆的非竞争关系，然而一旦与其他国家的人联姻，这样的局面就会被打破。

不仅如此，一个被安排的婚姻不能够保证个人幸福。很多情况下，连求婚都不是在私人见面时进行的。几乎没有王子愿意让自己被别人选择或是婉转拒绝，让他们自己和国家变成笑柄。通常而言，他们会互相交换恭维的画像、谄媚的言语，而容貌和故事都是以刺绣的方式记录下来。所以，伊丽莎白不会相信任何画作以及赞美的话语，也拒绝嫁给任何一个她未曾见过的人。

伊丽莎白受到的教育既多种多样，又具有深度，早前也与宫廷政治进行过博弈，这为她处理求爱以及外交事宜做足了准备。尽管她在很多人的眼里仍然是一个不经世事的小女孩——一个善变、需要拥有权力和智慧的男性的女孩，但她很快就成长成为一个精明的、有见解的女性，一个对世界有着充分包容度，也对自己在这个世界所处的位置有着深刻理解的女性。拥有了这些深长繁多的根茎，伊丽莎白的信念、世界观和智慧渐渐成型。宫廷的朝臣认为伊丽莎白对于婚姻的不信任只是因为她目光短浅、固执己见、以自我为中心，也就是一种“个人主义”。但这种他们误以为的“个人主义”并不能够帮助人们取得成功。只有那种堕落的“成功之梦”才会只把个人纳入到考虑范围中，很不幸的是，这种过度依赖梦想的人就像是面对一台因为生锈而无法运作的机器，却在询问其电源在哪里。从古至今那些伟大的天才们普遍拥有的特质是，他们对生存状态充满了真诚的兴趣、关爱以及致力于改善的信念——而这种特质也将会带领伊丽莎白跨越繁杂的困境，最终大获全胜，赢得统治。

尽管伊丽莎白在婚姻上有所顾虑，但她仍然计划利用她在婚姻上的独立作为政治和外交的武器。她似乎很擅长玩这个游戏，一边娴熟地拖沓联姻协商，一边同时让所有人都相信自己会接受他们的求婚。这个求爱游戏一直延续了很多年，宫廷大臣们越来越感到不安。他们想要一个国王，一个正统继承人，但是伊丽莎白想要的是独立和控制权，她说自己宁愿成为一个“单身的女乞丐，也不要成为一位已婚的女王”。伊丽莎白对婚姻的反感从本质上来说，也不仅仅是顾及到政治因素，她直系亲属之间的复杂婚姻关系可能也对她产生了潜移默化的影响。

然而，伊丽莎白的确对她的侍从罗伯特·达德利产生了感情。达德利比伊丽莎白年长两岁，不管是从哪个方面来说，二位都是天作之合：达德利身材高挑，拥有健康的肤色，相貌英俊，同时也受过良好的教育，天资聪慧，尤其懂艺术，很擅长逗乐伊丽莎白。但是伊丽莎白对他的爱慕不足以到做出结婚的决定。她深知选择达德利会让其他的求偶者产生敌意和嫉妒心理，而且，他不敌一位英格兰大臣，这个事实更是会让他们感到不快。贵族将会联合起来抵抗这位新贵，整个社会阶层可能都将受到重创，直至整个英格兰无法团结，进入内斗。

所以对此，伊丽莎白比以往经过更多的深思熟虑，决定为了人民的幸福而放弃自己的个人幸福。只要看看她姐姐与腓力二世联姻的自私行为对英格兰造成了多么严重的后果，就如诗人约翰·邓恩在《没有谁是一座孤岛》中所传达的警告一样。

伊丽莎白也遭受了一样的困境，并因为她拒绝指定继承人而使窘境加剧。玛丽执政期间的经验告诉伊丽莎白，一旦指明了继承者，他（她）就将成为阴谋的中心。她认为，继承人的指定会带来表面上的平静和安定，但是毫无疑问，也会为敌人创造机会削弱她的统治。

伊丽莎白的统治一直持续到1568年——继位后的第十年。那时，欧洲正处于腥风血雨的时期。腓力二世带领一大批军队前往荷兰摧毁新教叛乱，而伊丽莎白的议会担心这支强大的军队在镇压荷兰反叛军之后会转而进攻英格兰。

另外一件恼人的事情是斯图亚特——在欧洲天主教眼里真正的英格兰女王，遭到新教反叛，失去了王位，而她现在正在英格兰。就像当时伊丽莎白作为玛丽各种密谋的重心一样，斯图亚特的到来也是心怀不满的天主教夺回国家正教的好机会。一旦伊丽莎白死去，斯图亚特就是王位的最强有力的继承人。

北部天主教不肯退让，正计划解救斯图亚特，助其登上王位的谣言开始散播，于是历史开始重演。

1569年，威斯特摩兰伯爵、诺森伯兰公爵、约克郡郡长旗下的反叛军集结在一起。情况危急，女王统治下的英格兰北部从未如此不堪一击，她内心被这次蓄意的反叛计划深深伤害。伊丽莎白女王差点留下了眼泪，她对法国大使说自己根本不敢相信北部天主教竟然能够这么快就忘了当初从她那里得到了多么难能可贵的对待。于是，女王号令苏塞克斯伯爵率领军队镇压反叛军。

当苏塞克斯正在焦头烂额地从北部郡征兵时，北部反叛军的人数已经快速增长到 5 000 多人。听到消息后，倍感震惊的女王马上委任沃里克伯爵和柯林顿勋爵带领来自两个郡的 10 000 名士兵进行抵御。英格兰和西班牙两国关系从未如此紧张，叛乱军首领前去征求西班牙的援助，共同推翻都铎女王政权。尽管腓力支持推翻政权的计划，由于他的军团仍忙于平定荷兰，因此也并不愿意采取军事上的支持。他还没有准备好与英格兰交战，至少目前还没有。

一个月内，女王的军队足够强悍，成功抵御暴动，但事实证明这也并不必要。反叛军的首领深知自己未受过训练，补给不足的军队在女王配备精良的士兵面前毫无胜算，所以首领放弃了他们的计划逃往苏格兰。上千名反叛兵被抓捕并处决，包括诺森伯兰公爵，以对那些意图谋反的人示意警告。

虽然北部叛乱被平定，但是只要玛丽·斯图亚特还在英格兰一天，这个国家便永远不会正式稳定。伊丽莎白得知表亲在北部叛乱中所处的角色后，曾考虑过将其处死，但是叛乱被平定之后，这样的想法也就终止了。取而代之的是，她开始与斯图亚特协商在苏格兰设立新教首脑，在莫瑞伯爵的庇护之下把斯图亚特送回苏格兰。然而这个计划很快泡汤，因为伯爵暗遭杀害。而且此时，法国还宣布无条件支持斯图亚特，如果伊丽莎白不将苏格兰王位归还给斯图亚特，法国就将宣布开战。

似乎女王的烦恼还不够多，1570 年的夏天又出现了一次全新的危机。教皇颁发法案宣布“伊丽莎白——英格兰的假冒女王，罪恶的仆人”被革出教门，并免除伊丽莎白颁布的有关天主教的任何法案。不仅如此，任何遵从伊丽莎白指示的天主教徒也将面临被革出教门的危险。教皇还将叛乱神圣化，并宣布优秀的天主教和英国人是不可能共存的。

伊丽莎白不能眼睁睁地忽视最近发生的变故，但是她自己正面临着进退两难的局面：她是否应该向宫廷的训诫妥协，并开始在全国驱逐天主教，还是应该继续两教共存的计划，希望大部分天主教能够本质上忽视教皇颁布的法令呢？

直到目前为止，女王都拒绝将英国天主教视为对立的敌人，这也是她在威胁面前决定继续采取的战略。她提醒人民，自己深爱着他们，并没有任何动摇他们信仰的意图，只要他们继续维护社会的秩序并遵循国家的法律，以此来回应教皇的行为。伊丽莎白很明确自己是谁，也明确自己想要为谁发声，即使她的行为可能让其失去王位，她宁愿被废黜也不愿专制。

伊丽莎白对天主教表现出的信任也得到了大部分人的忠诚回报。虽然有些无可救药的天主教徒继续斥责女王，但大部分教徒否决了教皇，他们认为对君主的效忠和对精神领袖的效忠从本质上来说并不相互冲突。他们深爱着女王，这也成为了英国圣公会的礼仪，而且伊丽莎白相信，他们对于古老信仰习俗的依附感渐渐地便会褪去。这可能也是当初教皇颁布法令的原因。

1571年春天，恢复苏格兰女王的协商全面停止。参与废黜苏格兰女王的大臣们担心一旦女王回归，他们将被快速处决，因此大臣们动用自己在苏格兰的权势来停止让女王回归的计划。

这时，斯图亚特的耐心终于耗尽了。她认为，只有计谋才能确保自己的自由。

斯图亚特的计划再简单不过：说服腓力二世和其因凶残而闻名的统帅阿尔瓦公爵，加入阴谋，并提供军队支援。

阴谋败露，国会决定这位叛国的继承人将被处决。斯图亚特被斥责为是“一个英格兰的敌人，一个行为不轨的女人，一个杀人犯，女王的叛徒，国家的叛徒”。

那么，为什么伊丽莎白拒绝处以斯图亚特死刑？她对斯图亚特恨之入骨，并且知道她是一个为达目的不择手段的人，但伊丽莎白认为君主的规则比个人情感更为重要。斯图亚特是一位正统的皇室成员，将她作为普通犯人一样进行处罚是一种蔑视君权原则的行为。

但有些人认为伊丽莎白的行为只是为了掩盖她意志力懦弱的事实，一个拥有权力的女人也无法在适时的时候采取坚决的措施。优柔寡断可能是女王的一个特点，但是这个事件中我们仍然能够从伊丽莎白如何处理进退两难的处境中学到一课。我们经常看到人们基于自己的情感购买、决定或者做出行动，而不是基于逻辑。没有什么情感能够像爱和恨一样改变我们的意志力。从古至今那些高耸入云的山峰和连绵不绝的山谷就是对爱与恨两者力量如何超越人类心智的最好例证。伊丽莎白面对的是一个十字路口，面对她所爱的年轻的达德利，尽管她是一神之下万人之上的君主，也仍然选择了她认为最好的决定，她并没有顾及自我的利益，而是顾全大局。在斯图亚特这件事中，伊丽莎白面临的是处在恨的十字路口。众人都希望将她的表亲处决，而且很多情况都表明这非常有必要。然而，伊丽莎白内心的责任感又一次超越了个人情感。无论她多想处置斯图亚特，她认为处决斯图亚特将会对其国家带来更大的潜在危害。

5 月 19 日，上议院和下议院共同决定斯图亚特的处决方式需要二选一：处死或者从继承位中除名。显然国会支持的是第一个方案，但是伊丽莎白却下令按照第二个方案执行。下议院大失所望，立刻提交了请愿书希望女王能够重新考虑，但是女王的决定不可动摇，因此斯图亚特最终没有被处决。

当议会后来起草了法案，宣布斯图亚特再也不能享受英格兰皇室待遇时，他们认为伊丽莎白会毫不犹豫地同意。但是，他们再一次震惊了，女王的代表称此法案并不是女王的意愿，她将会保留对此法案的许可。其实也就是说这条法案是不会被批准的，于是议会间怒火四起。国会为了稳固女王地位做出了努力，而女王的变化无常就像是在戏弄他们的努力，而且她的朝臣们不相信伊丽莎白能够允许推翻她的威胁继续存在。然而，伊丽莎白坚定不移——因此该法案目前处于悬而未决的状态。

很多历史学家纷纷同意朝臣们的观点，认为这次是伊丽莎白的判断失误。而伊丽莎白也无从辩驳，不仅让斯图亚特活了下来，还给予斯图亚特继承王位的资格，伊丽莎白其实在实施对自己的暗杀行动。一旦斯图亚特夺取王位，伊丽莎白的朝臣——那些对斯图亚特群起而攻的朝臣就会请求斯图亚特的饶恕。这件事体现出了与保持自我可怕的悖论：如果想要变得成功，我们会对自己有时并不受到认可的观点和行为坚定不移，但这种做法会出现一种直接的后果，我们一定要经受住这种做法带来的负面影响。就像伊丽莎白一样，我们必须接受，自己并不完美，我们勇敢地大步向前有时会让环境波澜四起，这些涟漪有时会成为汹涌的波浪。但如果当与保持自我无法避免地引起了风暴时，只有“它”才能压制风暴。就如成功并不一定需要超凡的智慧，它也不需要完美的性格——只需要问问自己，我们有没有竭尽全力地去寻找智慧、力量和方法来完成旅程。也就是说，我们不需要保证自己的每一个行为都准确无误，但是我们必须构想出一个灵活多变、充满动力的方法来获取成功。伊丽莎白很快就会学到这一课，因为她这次对于斯图亚特的错误判断，很快就会引起腥风血雨，且差点将她撕成碎片。

接下来我要说的是西班牙在这次政变中所处的角色。根据一些谏言者的说法，这次政变明确体现了腓力二世与荷兰停战之后与英格兰开战的意图。于是谏言者们还央求女王和法国一同驱逐邻国西班牙。然而，伊丽莎白却认为这种做法万分艰难。法国一心想要将荷兰纳入自己的领土范围，这也会对英格兰产生问题，如果英法联盟失败，西班牙肯定会通过侵略法国和英格兰来进行打击报复。于是，女王委托 1 000 位志愿者与反叛军共同作战，目的是为了观察这其中还暗藏了什么玄机，一旦面对阿尔瓦公爵就可以宣称自己对此次行动毫不知晓。

欧陆冲突继续加剧。1572 年，新教徒起义在法国爆发，英法关系进入更为紧张的不稳定局面，这场起义持续了 7 个月，导致了数万法国胡格诺派教徒死亡。西班牙继续在荷兰对新教徒进行屠杀，而英国的私掠船继续对西班牙船舰和海港发起袭击，这是伊丽莎白女王授权、传奇船长法兰西斯·德瑞克指挥的最成功的一次进攻。

弗朗西斯·沃尔辛汉长官，是伊丽莎白机敏的间谍大师，1582 年拦截到了一封西班牙寄往苏格兰的信件。信中提到了如何通过天主教入侵英格兰和苏格兰，从而帮助斯图亚特夺取王位替代伊丽莎白，但信中的细节部分很少。沃尔辛汉马上委派间谍侦查幕后阴谋的策划者。在几个月后，一位在法国大使馆的线人告诉沃尔辛汉，弗朗西斯·思罗克莫顿，一位出身显赫的英国天主教徒曾参与组织密谋。经过 6 个月对思罗克莫顿的监视，沃尔辛汉确认了他的共谋身份，并将其逮捕。见到刑具的思罗克莫顿马上认罪，承认他的法国联络人告诉他法国国王正计划侵略英格兰，以示对西班牙腓力二世和教皇的支持。门多萨是此项阴谋在英国的指挥者，斯图亚特对此事非常清楚，且支持这种做法。

思罗克莫顿因叛国罪被处死，斯图亚特又一次称自己是无辜的。

本次密谋计划被挫败后，欧洲最伟大的新教徒领导人之一威廉·奥兰治被法国天主教徒暗杀，伊丽莎白成为了欧洲新教的唯一支柱。她不允许这个显而易见的危险改变她的公众面貌，但是她开始在睡觉时在枕头下放置一把小匕首。

1585 年 12 月，沃尔辛汉得知另一项密谋又在暗中进行，就像上一次一样，密谋内容是让天主教侵占英格兰，以及暗杀伊丽莎白。他安排了两个间谍通过非正式的联络方式联系到斯图亚特。斯图亚特和其同谋的每一封信件都在送达前被拦截并破译。沃尔辛汉耐心等待攻破密谋的方法，并等待斯图亚特彻底暴露自己的叛乱身份。

1586 年的夏天，这项密谋终于产生了致命的后果。密谋计划就快完成时，斯图亚特写信给另一位同谋，信中明确提及了要刺杀女王一事。沃尔辛汉终于拿到了他想要的东西，于是开始行动起来。

密谋的主谋被逮捕起来，审讯后被处决。伊丽莎白手中也拿到了斯图亚特的信件，这让女王的仁慈终于到达了终点。斯图亚特被带去审问，尽管她竭力为自己辩护，称作为苏格兰元首，自己并不应当受英格兰法律的约束。她否认自己参与暗杀伊丽莎白的行动，但是所有的往来信件却是不可抹灭的证据。于是，斯图亚特被宣判处以死刑，伊丽莎白沉重地签下了死刑执行令。备受伤害的伊丽莎白希望能够以秘密的方式杀死斯图亚特，对外宣告其死亡为自然死亡。这样一来，她就能够避免与其他欧洲国家，以及斯图亚特的儿子詹姆斯——苏格兰国王的冲突。然而，伊丽莎白的朝臣却擅自执行了斯图亚特的死刑，他们共同签署了死刑执行令，并一心想要将死刑变得公开。1587 年 2 月 8 日，在 300 位见证者面前，苏格兰女王斯图亚特遭砍头。

当死刑的消息传入了伊丽莎白的耳朵，她顿时暴怒。正如她所预料的，欧洲皇室认为斯图亚特的死刑不合常理，而詹姆斯扬言要进行报复。但是，英格兰议会此时却大松一口气，他们认为将斯图亚特送入坟墓去除了伊丽莎白女王政权最大的威胁，但他们错了。

数年以来，英国海盗一直在掠夺西班牙船只。尽管伊丽莎白公开表示应制止这种行为，但是在私下，伊丽莎白仍然支持这种行为，并在 1581 年，将最伟大的海盗弗朗西斯 · 德瑞克封为爵士。英格兰支援荷兰反叛军的行为也激起了腓力的怒火，斯图亚特的死也让他下定决心要终结新教在欧洲的势力。因此，腓力认为西班牙与英格兰之间的和平共处已经无法实现，但是他的顾问认为发动新的战役可能会很艰难。西班牙陆军和海军是世界上配备最佳、规模最大的战队，但是经过连年的战争，士兵们都疲乏了。如今，士气低落，缺乏军事领袖。

腓力始终相信如今正是推翻伊丽莎白的最好时机，因为众多欧洲列强的矛头都指向伊丽莎白。所以，腓力 1587 年组建了一支庞大的侵略战舰。教皇正式批准了这次侵略计划，甚至告知腓力他可以凭自己意愿选择英格兰下一任君主。

当伊丽莎白得知一支西班牙“无敌舰队”正在驶来，她知道是时候通知她的人民了，战争即将到来。幸运的是，伊丽莎白自从上位以来，一直都十分关注舰队的维护，英国舰队正处于有史以来的最佳状态。在陆地上，防御准备也已经启动，包括对万名精英战士的训练，以及建造堡垒、土垒以及防护矮墙、挖掘地道等。

尽管军事准备充分，很多英国人仍然对是否能够赢得战争胜利持怀疑态度。英国真的有可能抵挡这个曾经击败土耳其、让法国自惭形秽、征服葡萄牙，并跨越低地国家的强大西班牙吗？

庞大的西班牙舰队被称为“无敌舰队”，1588 年 5 月 20 日启程向英格兰进发，这支队伍拥有 130 搜战舰，载有超过 30 000 名士兵。舰队将开往弗兰德斯，与帕尔马公爵集合，帕尔马带领着更多的士兵和运输船在那里等待。对伊丽莎白政权的袭击将从这里开始。

由于缺少补给品以及恶劣的天气，西班牙舰队在港都科罗纳停留了很长的时间进行修整。之后，他们继续畅通无阻地驶向英吉利海峡。英国战队与西班牙军舰爆发了小规模的冲突对抗，英国战队却无法摧毁任何一支西班牙军舰。但是战争的局势很快便扭转。

7 月 27 日，腓力的舰队在加莱港口停靠，等待帕尔马军队，这正是英国军队一直在等待的契机。他们将 8 个不起眼的轮船装满了各种可燃物，并在第二天晚上，点燃船只驶向西班牙舰队。西班牙人惊慌失措，误以为这些船只上装着的是炸药，于是纷纷跳入海中，彻底打乱了作战阵型。

第二天早上，西班牙舰队登陆格拉沃利讷港口，他们的阵型被打乱，也没有事先对天气做出评估，就开始与英国战队正面交战。这场即将到来的交锋现在被称为是海军大臣查尔斯 · 霍华德有史以来最伟大的海上胜利，他正是伊丽莎白在 1585 年提拔的。英国军队灵活地调动着他们的战舰，先在远处利用天气优势加剧西班牙舰船火势，然后又快速进发，对一侧进行压倒性攻击。

经过了 8 个小时的战斗，5 艘西班牙战舰被毁，还有许多艘军舰都遭受大面积损毁。目前的战势让英国军队士气大振，但是“无敌舰队”在英吉利海峡的出现仍然带来了严重的威胁，况且帕尔马军队的进攻也仍在持续。

第二天，在蒂尔伯里时，伊丽莎白出现了。很多议会大臣都劝阻伊丽莎白不要在众多士兵面前现身，担心她被暗杀，但是伊丽莎白相信她的民众，并希望将自己的信任表现出来。当时，她身穿一件白色丝绒长裙，外面套着一件银色的胸铠，手拿战仪杖，身骑皇家战马，出现在冲锋军间。

“我所深爱的人民，”她开始喊道：“我们总是被那些关心我们安危的人劝说，要留意自己是如何因为害怕反叛的实力而武装起自己；但是我向你们保证，我并不是为了怀疑那些忠诚的、我爱着的人民的忠心而活着的。”

“让暴君去担忧吧。我总是这样规范我自己，除了上帝之外，我总是把我最重要的力量和护卫放在我对民众的的爱意和关心上，因此我来到了你们这里，就如同你们所看到的一样，现在，不是为了自娱自乐，而是站在了战斗的中心，和你们共同存亡，为了上帝去战斗，为了王国，为了我的人民，为了我的荣耀，为了我的血液，我甚至宁愿归为尘土。”

“我知道，从身体上来说，我只是个脆弱无力的女人，但是我有一颗国王的心，一颗英国国王的心，而且我认为任何像帕尔马公爵、西班牙或是其他欧洲国家国王的人，只要敢踏入我们领土半步，都是肮脏鄙夷的行为；我绝不容许这种有损我国荣耀的行为出现，我会亲自参与战斗，亲自作为你们的统帅，对于你们每一位的付出都做出应有的奖赏。让我来告诉你们，你们已经值得受到赏赐和桂冠；而且我向你们保证，以王子之言保证，一定会对你们的付出做出偿还。”

正当伊丽莎白想要结束她激动人心的演讲时，上万名士兵一同高声呐喊，他们被女王的话深深感动。

日子一天天过去，西班牙舰队没有回来，帕尔马军队也没有进攻。女王希望，这一次是西班牙军队改变了计划。后来发现，他们的进攻计划彻底崩塌。

绝大部分的舰队都接到命令返回西班牙，但是可怕的风暴，战事的损毁和爱尔兰、苏格兰坚硬的海岸将很多船舰撞入海底。这导致帕尔马上万名士兵身受重伤，由于恶劣的天气和荷兰海军意外的袭击，帕尔马军队无法穿越英吉利海峡。英格兰军队战胜万难，击退了世界上最强大的海军，惊艳了欧洲列强。

英格兰举国进入了复苏的状态。英国人将这次的胜利归结为上帝的恩赐，以及童贞女王的战无不胜。到目前为止，伊丽莎白政权已经持续了 30 年，这与她之前面临的政治斗争形成了鲜明的反差，她真正地为这片土地带来了和平和普遍繁荣。

曾经憎恶伊丽莎白的教皇甚至也宣称："她必定是一位伟大的女王，但如果她是一位天主教教徒，我们会更加爱戴她。看看她将这个国家治理得多么好！她只是一位女性，只是半个岛屿的夫人，而现在她却让西班牙、法国以及各帝国闻风丧胆……那么我们的子孙就有可能统治整个世界。"

后来，伊丽莎白继续统治了 15 年，不得不面临更多艰难的挑战。她最为信任的顾问后来也去世了，并被有竞争力的继承人替代，英格兰与西班牙的战争也在继续，又一次暗杀计划也被阻止，爱尔兰的起义被平定，经济也因为收成不好、垄断和战事消耗而一蹶不振。

然而，并非万事皆不如意。由于像威廉 · 莎士比亚和克里斯托弗 · 马洛这样的作家，英国文学蓬勃发展。英格兰继续在海域进行扩张——这是伊丽莎白长期支持的行动，这发展了英国海军的名望，后来也促使美国殖民地建立。同时英国与北非诸国、奥斯曼帝国建立了贸易来往和外交关系。

伊丽莎白在 1603 年 3 月 24 日安静地在睡眠中离世，那时，她还没有将王位传承给她的表亲詹姆士——苏格兰国王。她保持自我的热情将永远被铭记和歌颂，因为她提高了英格兰的自信心和主权意识，同时也为这个国家创造了属于自己的国家地位。

几乎所有成功的人都抒写了一篇热情的个人主义篇章，而每一次都源于个人的观点，通常被很多人拒绝，或是被认为是愚蠢、无法实现、不合实际、可笑、危险、羞耻的观点。牛顿第一运动定律——惯性定律，就与当时诸多的理论相违背，也引起了广泛的抨击和辩论。当雅典政治家克利斯提尼开始根据自己对于民主的理解进行变革时，他被贵族强烈反对，被曲解为是一种让多数贫困群体压制极少数富有群体的方法。

我们非常幸运地看到，这些具有远见的人物和他们的同仁并没有失去说服对立者和大众的意志。想象一下，如果伊丽莎白与她的姐姐“血腥玛丽”是一样的个性，将自己和自己的国家嫁给外国，那么英国将会走上一条怎样的道路？英国的变革将会被摧毁，同时被摧毁的还可能是英国教会。英格兰将会因为法国或西班牙的攻击而伤痕累累，强大的大英帝国再也不会形成。于是，美国的历史进程也将被改变，因为殖民者将被法国或西班牙打败，随之以我们所无法想象的方式改变了整个西方文明的演变。

千年以来的思想家深知，多数人的建议永远不会创造出卓越的思想。爱默生曾说过，普多大众“没有自立更生和独立行动的习惯”。塞内卡曾说过：“没有什么比乌合之众的观点还要卑劣”。梭罗曾经这么描述大多数人：“他们永远不会知道自己群体中最好的那个人是谁，而相反往往总是诋毁他成为最低等的那一个”。如果不是历史上那些具有强烈个人主义的伟人们不屈不挠的精神，现在可能没有人会因为自己独特的观点和梦想而不畏艰险，人类可能还在狂风中徘徊游荡，与大自然作斗争，被天上的星星所困惑，用棍棒和石头与动物们和各部落厮杀。

随着你的探险渐渐深入，你也会慢慢涉及更多的生命，以及与越来越多的人斗智斗勇，这无法避免地会带来更多的苛责、推荐、警告以及指导。有些建议会对你友好，有些只是通往灾难的邀请函，就如伊丽莎白一样，你必须要十分明确什么时候需要聆听建议，什么时候需要坚持自我意志。

如果你过多地在意别人的想法和做法，你将会离你设想的方向和路线越来越远，你将会把自己的命运移交给那些行为批准方，而天才不会落入这种陷阱。就如印度哲学家奥修曾经说过的：“他们只是比普通人要更顽固些”，他们只是那些“从不停止敲击的人”。

比如，伊丽莎白非常明确自己想要用开明的律法来规范民众，她比其他任何男人都要聪明，所以不允许任何朝臣和官员改变她的想法，将她作为木偶人。这种个性在她的国家，在很多男性权贵之间，非常不受欢迎，但是她毫不在意。

你对于世界的独特观点，以及你为了实现这些观点的行为是比取悦别人更为重要的事物，这是取得成功的唯一方法。“如果一个人不屈不挠地根据自己的直觉来发展，整个世界都会围绕着他”，爱默生如此写道。

然而，思维和行动本身也会带来危险。你有时会犯下错误。你会发现事情有时并非你想象得那样。天才知道自信心并非来自于事事正确，而是不惧怕犯错。无论是学到宝贵的一课，还是在思考和理解上有所进展，都能够暂时抵消在意识到自我错误时的不适。事实上，任何行动所赋予的价值是从失败中学到的东西，而这些知识也只能用这种方式学到。有时连千言万语都无法让你信服的东西，一个瞬间的错误就可以办到。

然而，积极的、强大的个人主义通常来之不易。每个伟大的天才在形成全新的、有力的观点时所经历的过程都是一样的。每个天才所共有的一个简单的特征就是他们总是孜孜不倦地贪恋着学习。他们非常重视书籍和阅读，以最大的努力追求知识的充实。他们还发现自己对任意学科都充满了极大的兴趣，无论在他人看来这门学科是多么单调、世俗。

弗朗西斯·培根，哲学家、科学方法的创造者和倡导者曾说，我们读书并不是“为了反对和驳斥，也不是为了相信和接受”，而是为了“权衡和思考”。伏尔泰曾经说过，“徜徉在书中的我们就如同壁炉中的火焰”。

保持自我的本质不是拥有独一无二的观点，而是你坚信的观点。一旦缺乏了实际知识的支撑，那么你的信念和观点通常是薄弱、错误和愚昧的。它们往往是对他人观点的肤浅的总结，很容易就被同等肤浅的想法和似是而非的推理所动摇。然而，建立在对事物深入理解之上的观点，就是深刻而具有多面性的，也是你个人独特见解的一种表现。这种观点能够为你构成真正的灵感，并深入到灵魂。这就是支持世界上各领域发展的观点，也是天才的行事方式。

充斥着各种娱乐的当今社会为我们提供了各种各样的方法，不用去学习，不用去思考，不用去做决定。有了电视和网络，我们的生活总是充满了毫无意义的分散物，这种生活状态在不知不觉地给我们发送了一条信息：我们变成了沉默的、微不足道的，也只能够理解和去做一些沉默的、微不足道的事情。

如果你想要让自己的想法、对主题的理解或生活的方方面面有巨大的改变，那就每天阅读一本有关该方面的书籍。每读完一本书就像是得到了一块鹅卵石，而许许多多的鹅卵石拼起来形成的就是通向成功的道路。你越是精心地铺路，你的旅途就会越顺利。不要将它视为家庭作业，你需要去记住什么时间、什么姓名、在哪里考试。你的阅读是为了学到一些东西——那些重要的东西。

塞尼加曾写过这么一句话："我们没有时间去听到，他遇上的暴风雨是否在意大利和西西里岛之间，还是在世界的其他地方。我们每天都在经历属于自己的暴风雨，精神世界的暴风雨，被各种罪行驱使进入尤利西斯永远不会得知的麻烦中。”

记住，寻找一种方法，使你的信息得以应用，并帮助自己顺利度过旅途。如果你的信息毫无应用之处，也没有关系。

如果你遇到了某些话语和概念是自己不熟知的，那就参考字典或百科全书将它们搞明白。如果你不能彻底理解用以表达某些观点的词汇，那么你就无法完全明白自己所阅读到的东西。将你所认为有趣的、具有启发性的、有用的段落标注下来。如果你发现有些观点让你为之一振，那就把这些观点记录在自己的笔记本上。这种标注的方式能够更有利于将来的复习，并且能够激发一种更为积极主动思考的阅读习惯。

用这种方式来阅读并不简单，但却是极其有益的。它能够使你超越周围的人，并且我相信，是唤醒大脑最为简单最为有效的方式之一。

伊丽莎白对英格兰可以成为怎样的国家拥有明确的愿景，并且她赐予其人民的礼物，就是英格兰的示例、地位、包容、独立和繁荣的复兴——这是一个强大帝国最稳固的基础。

你是谁，你会带给世界上的人以怎样的礼物？就像伊丽莎白一样，请努力地与各种困难对抗，请深思熟虑地去发现以上问题的答案吧，这才是保持自我，也是通往成功的根本。

9

判断力·古希腊伟大的医学革命

"我们的感觉不会欺骗我们，但判断力会。"

——约翰·沃尔夫冈·冯·歌德

所有的探险都需要英雄们做出艰难的决定。无法更改的、无法逃避的决断总是能在我们内心燃起三级火警，因为你知道当火焰闪耀的时刻，旅程即开始。

当战火硝烟弥漫整个欧洲的时候，愤世嫉俗的美国外派人员瑞克·布雷安安静静地在摩洛哥卡萨布兰卡各个夜间俱乐部和赌场消遣着。机缘巧合，他遇到了一位陌生人，拥有了两张价值连城的通行证——持有者可以不受监控地自由来往于被纳粹占领的欧洲。但是当布雷见到了买家——一位反纳粹的起义领导人和他美丽的夫人伊尔莎时，布雷陷入了突如其来的悲伤。因为伊尔莎是他之前的情人，几年前不知缘由地离开了他。旧伤疤被揭开，旧情复燃，布雷最终正面临着进退两难的局面：他究竟是要帮助他爱的女人逃走并永远地失去她，还是向德国人偷偷告发她高尚的丈夫，从而和旧情人在一起？最终他对伟大事业的忠心战胜了自私的欲望，布雷不仅将通行证移交给了他们，并说服了伊尔莎继续支持她的丈夫，同时还让自己命悬一线，帮助这对夫妇逃离。

罗伯特·李曾被授予战争英雄的勋章，他反对奴隶制，以分离美国为耻，以背叛美国创立人为耻。在他的故乡弗吉尼亚州脱离美国之后，林肯总统任命李将军为联合军最高统帅。但是这里有一个问题：接受这个职位就意味着李将军将要带领士兵屠杀自己的人民。他的内心备受煎熬，但是李将军对于家庭的牵挂、对祖国统一的愿望十分强烈。于是，他从联合军辞职，三天后担任了弗吉尼亚州立军团的总司令。

弗雷德·史密斯将所有的积蓄都投入到联邦快递已经三年了，只为了实现一个"不可能"的目标：隔夜送达包裹。现在，公司正在面临破产危机，每天损失 100 万美元，而弗雷德不能说服投资者再多出 1 美分了。到这周末，这家公司就只剩下最后的 5 000 美元了，这笔钱无法支付星期一即将到来的飞机运费。史密斯如果不能尽快拿到几万美元的资金，联邦快递就会倒下。他会怎么做？他带着 5 000 美元飞到拉斯维加斯，在赌桌上赢回了 30 000 美元后回到公司。这笔钱只够公司继续撑几天，但这几天正是史密斯所有想要的。在那几天内，他成功筹集了 1 100 万美元让公司继续运行。两年后，公司实现了第一次盈利，总额接近400万美元。

就像布雷在卡萨布兰卡遭遇的尴尬处境，有些决定将人们的道德界限拉伸到极致：在两项之间二选其一，牺牲个人利益让更多人受益，或者让自己强大到伤害别人。李将军的例子，代表了人生道路的方向，不管选择哪一个决定，都会永远改变人生旅程的本质。史密斯的例子，需要强大的毅力和动力，需要坚韧的智慧、想象力和一颗坚定的心。

想要唤醒你的大脑，最大可能地挖掘出成功所需要的潜力，需要培养一种判断力，因为每个旅程的结果都是由一个个或大或小的决定堆砌而成的。一个不明智的决断，可能会让你彻底崩溃；而一个明智的选择能够带领你看到最危险的海水，就如同西方医学之父一样。

一位心急如焚的母亲带着她发烧到昏迷不醒的孩子，来到阿斯克勒庇俄斯的神庙——这是希腊的医神之所。

母亲将她的儿子交给穿着长袍的牧师，他把孩子放在一张巨大的大理石圣坛上，请求神治愈他的疾病。当时牧师使用了鸦片，让孩子达到一种“半梦半醒的状态”，这样伟大的医神阿斯克勒庇俄斯才能够在幻象中降临到孩子身边，治愈他——他们希望如此。母亲带来了金币和银币，将它们抛如泉水中，祈求神医的帮助。

但是随着夜幕降临，孩子的状况越来越糟糕：呼吸声变得更加微弱，皮肤变得更加冰冷和黯淡。牧师告知母亲神灵不会撤销他们对孩子的惩罚，阿斯克勒庇俄斯也没有对他们的祈求做出回应。他们说，孩子唯一生存的希望就是将神传唤的恶魔从孩子的身上取出。获得母亲的允许后，牧师在男孩的头颅上打穿了一个孔，刺入他的大脑。第二天早上，男孩死去。牧师安慰绝望的母亲，确保她不会将这个灾难归咎于自己——这只是神的指示。

在古希腊，这样的悲剧极其平常。迷信、恶魔、神灵的眷顾被认为是各种不良身体状况、不适和疾病的原因。因此，疾病的“治愈”通常依赖于神职人员的干预、危险的手术、放血以及其他往往会恶化疾病状况甚至造成死亡的方法。然而，其中有一个人对医学有着截然不同的观点，他就是希波克拉底。他认为是某些自然的力量导致了不良身体状况、不适和疾病，因此这些疾病可以通过观察去理解，并用温和的、非侵入式的方式来让身体恢复。这在当时，被人们看成是亵渎神灵的观点，被冠以反对希腊宗教结构的“异端邪说的叛逆者”的名号。然而就算没有得到大部分人的支持，希波克拉底依旧决定相信自己对于健康的判断，这个决定日后为他争取到了西方医学之父的荣誉。

希波克拉底生于公元前460年。年轻时，希波克拉底就跑遍了希腊的各个地方去治愈病人，并传授“自然的治愈力量”的课程。

希波克拉底坚信一个人应当将自己的身体看做一个整体，所以将他的疗法重心放在让病人保持干净的、无菌的状态中，以及通过食疗、草药、修养、清洁和锻炼的方式让病人的身体自行恢复能量。他避免使用当时盛行的药物和手术，坚持强调一个人应当“让食物成为药物，药物成为食物”。

希波克拉底治疗的有效性和其理论的创新性很快被传播开来。当这个消息传入管理者——声称自己是健康之神的传言者的耳朵中，他们命令希波克拉底立刻停止教学。希波克拉底对他们的威胁置若罔闻，并继续到处行医，治疗病患，教授自然的治愈方法。反对者很快就在他将要进入一个小城镇时将其抓住，罪名是对神灵不敬。希波克拉底不久被判处无限期监禁于监狱中。但是罪行无法停止他通过教育的方式治疗民众的决心。所以，在监禁时，希波克拉底编写了他最为著名的作品《复杂的人体》，书中包含了很多我们至今认可的生理学结论。希波克拉底在监狱中被监禁 20 年后获释。释放后，他用前所未有的动力继续他的事业，决心要终结当时依赖魔法的迷信医学，虽然这并不是疾病的原因，但是会比疾病本身对人类的身体造成更大的危害。“如果一个医生无法做有利于他人的事，那也要尽力防止他人受到伤害”，他如此写道。

在治疗病人的过程中，希波克拉底夜以继日地将各种疾病归类，如急性疾病、慢性疾病、地方病和流行病。他永不放弃的敬业精神以及判断力实现了大范围的医学突破，有些是至今我们仍然认可的，比如按照症状来区分气喘和肺炎；蜂蜜的药用和美容价值；骨折复位牵引、对抗牵引和固定支架的重要性；发烧的治愈能力；脓性胸膜炎——一种肺部疾病的预后诊断；甚至是积极的构想可以加速恢复，这一点与人类的大脑有关，并不是我们原来所认为的与心脏相关。同时，他也是第一个进行胸腔手术的人，他的发现仍然受教于当今的胸腔内科。

然而，单凭以上这些医学突破来评估希波克拉底对于近代医学做出的贡献，是远远不够的。他的医学手段也极具价值，与如今的医学息息相关。他利用所有的感官——触觉、嗅觉、视觉、听觉甚至味觉，来仔细地观察病人，这是一个医学上的重大创新。不像那个时代的其他医师，希波克拉底审慎地记录着每位病人的个人病例，包括面色、脉搏、提问、器官感受的变化、行动、肌肤颜色、眼镜和排泄物等细节的症状描述。他甚至会在问诊时感受病人的脉搏从而来判断他们是否在撒谎。希波克拉底进行如此广泛记录的原因是想要建立起拥有症状描述和病史的个人医疗病例，这种病例才能够流传下去，被其他医师使用，这也是今天我们所广泛采用的方法。

“口头上的结论无法开枝散叶，只有那些基于验证过的事实才可以”，希波克拉底说，“自我确信的观点是具有欺骗性和背叛性的，所以人们必须紧紧抓住普遍事实，一心一意地追求事实，如果一个人想要获得万无一失的习惯，我们把它叫作‘医学的艺术’”。这种观点为我们上了关于判断力的一课。希波克拉底在收集、审查和考虑相关事实之前并不急着下结论。他总是将自己收集的数据进行整理，用以发现规律、关联和差异。他总是能够去除不必要的数据，然后得出重要的观点和启发。采用系统性的方法论和目的论来收集和分析数据对于形成明智的判断力非常有必要。只有在数据允许的情况下，我们才能进行判断。

不久之后，一些心怀抱负的医生就开始蜂拥而至，向希波克拉底学习，希望能够形成一种相似的判断力。这样的需求太过庞大，于是希波克拉底医学院就这样建立起来。在这个学校里，希波克拉底不仅仅教授诊断学、预后诊断、对不适和疾病的治疗，他还教导学员严格遵守职业操守、社会规则，理解治疗手段的重要性。他推荐每位医生要做一个穿着得体、整洁、诚实、镇定、善解人意、严肃严谨的人。一位合格的希波克拉底式医师应该要整洁干净，气味怡人，没有任何难闻的气味和肮脏的指甲。在手术室中，他会特别注意光线、人员配备、手术仪器和病人的位置。在手术室外，他需要保持亢奋的状态来让病人维持在良好的精神状态中，因为希波克拉底发现这种精神状态有助于恢复健康。

随着希波克拉底的教学传播得越来越深远，来自希腊各个地区的学员成倍数地增加，专门学习包括治疗病人、收集信息、教授课程等基于健康的内容。希波克拉底医学院成立几年之后，开始对希腊医学产生了深远的变革，做出了众多医学发现，比如杵状指与肺和心脏疾病之间的关系；面部症状如何预兆死亡；痔疮的有效疗法；

食物传染疾病和空气传染疾病之间的区分；疾病的病理描述，包括破伤风、结核病、关节炎、腮腺炎和疟疾；以及缓解嗜睡。

很多关于大众疾病的基本观察都是从希波克拉底的作品中获得的，比如正在发育的身体拥有最多的内部热量，因此需要更多的食物；过多或过少的睡眠都会影响健康；自发性心率衰竭可能是患有疾病的表现；肥胖会导致早死，甚至包括不务正业将会“让一个人走向歧途”。

改进医学方法和教育社会自然修复，是最有成效的两项成就。但是希波克拉底并不知足，因为他深爱着的这个职业充斥着一些江湖骗术，骗子们虽然没有经过任何正式的训练也没有任何经验，依然将自己标榜为具有竞争力的医师，并做出错误的诊断骗取钱财，施以无意义的或是无害的“治疗”，甚至还会进行一些容易导致肢体伤残甚至是死亡的危险手术。他对这些医术诈骗深恶痛绝，并决心处理这个广泛存在的问题。

“医学是所有学问中最高尚的一门；但是，因为那些医师们的无知，而且因为那些未经思考得出错误诊断结论的人，医学还远远落后于其他的学问”。希波克拉底这样写道：“他们的错误在我看来是出于原则上的问题，在这个城市里没有任何一项惩罚是与行医相关的，只有与行为不当相关的惩罚，而且行医的问题无法伤害对医学熟知的人。这些人就是将悲剧引入身边的人，他们拥有身形、拥有华丽的外衣、拥有演员的外貌，但他们并非演员，同样地，很多医师也只是徒有其名罢了。”

为了对抗这种糟糕的亵渎医学之举，希波克拉底编写了第一稿医师职业规范，后来被称为《希波克拉底宣言》。宣言内容如下：

> 仰赖医神阿波罗·埃斯克雷彼斯及天地诸神为证，鄙人敬谨宣誓愿以自身能力及判断力所急，遵守此约。
>
> 凡授我艺者敬之如父母，作为终身同业伴侣，彼有急需我接济之。视彼儿女，犹我兄弟，如欲受业，当免费并无条件传授之。凡我所知无论口授书传俱传之吾子，吾师之子及发誓遵守此约之生徒，此外不传他人。
>
> 我愿尽余之能力与判断力所及，遵守为病家谋利益之信条，并结束一切堕落及害人行为，我不得将危害药品给予他人，并不作该项之指导，虽有人请求亦不与之。尤不为妇人施堕胎手术。我愿以此纯洁与神圣之精神，终身执行我职务。凡患结石者，我不施手术，此则有待于专家为之。
>
> 无论至于何处，遇男或女、贵人及奴婢，我之唯一目的，为病家谋幸福，并检点吾身，不做各种害人及恶劣行为，尤不做诱奸之事。凡我所见所闻，无论有无业务关系，我认为应守秘密者，我愿保守秘密。尚使我严守上述誓言时，请求神祇让我生命与医术能得无上光荣，我苟违誓，天地鬼神实共亟之。

后来，希波克拉底将宣言和新医师信用系统应用到更为广泛的方面，医学成为了人们可以信赖的合法职业。实验内容十分规整，后来成为了定义优秀行医者、医学规范的法律基础，这条职业信条仍然被沿用至今。

希波克拉底杰出的判断力又一次在他的职业道德规范中得以体现。他知道为所有的人类谋福祉，而不是自私地追求个人利益，他们在满足现实需求的同时用长远的眼光看待问题。他总是能够遵照道德规范中的指引来进行选择，并且深知自己的诚信正直比眼前的利益更为重要。

希波克拉底的教学影响力越发强大，没过多久后，他们就成功地将医学从宗教和哲学两大学科中分离出来，并将其归类至自然科学领域。亚里士多德称希波克拉底为“伟大的医师”，并以“善良、威严的乡下老医生”，但同时也是“严厉、可怕的人”来描述他。柏拉图对此描述表示认同，并赞美他在医学领域应用的科学方法。

在希波克拉底快临近生命尽头时，他和学徒们已经对医学实践、医学理想和医学道德做出了变革。他们对医学所做的传奇改变留下了 70 本手抄作品，被称为《希波克拉底全集》，在这本全集中，你可以找到每年的天气情况记录，以及与之相关的疾病，其中还有如何治疗骨折、治愈伤口，如何调配患者饮食、安抚患者，如何进行养生免遭疾病困扰的论文；还包括疾病症状、预后诊断和严重疾病的治疗方法；以及如何进行分娩和照顾婴儿。同时，还有效论证了药物治疗是一门基于用药原则和用药方法的科学。

尽管希波克拉底究竟是哪一年逝世的，这不为人所知，但他至少活到了 80 岁，也有些记载说他的寿命超过了 100 岁。他在医学教育方面的影响力在其死后更加蓬勃发展。罗马人最终也采用了希波克拉底的医学方法，部分是因为著名的盖伦医生不仅对他赞赏有加，也应用了他传授的方法。希波克拉底和盖伦记载的一切在中世纪初期消失，但后来又在 18 世纪时被阿拉伯人采用，后来文艺复兴时期又在欧洲再次盛行。

希波克拉底的作品是现代医学的奠基之作。据说，其后续的衍生作品构成了整个内科医学的历史。他的故事强调了一个人根据自我判断力做出的决断具有多么强大的力量，纵然周围充满了误导和异端的喧嚣声，纵然这些声音是所谓的“权威之声”。

备受尊敬的医学史家菲尔丁·加里森这样描写希波克拉底，“总的来说，他是对万事都具有变通的、具有批判性的、沉着思维的榜样，甚至是对错误源头的探索也是这样，这是科学精神的精髓。”

古希腊律法明确禁止解剖尸体，因此当时的人对人体内部知之甚少，针对器官的作用、疾病的原由、健康状况的调节等问题出现了较多错误理论。希波克拉底敏锐地意识到这些理论的浅薄，更重要的是，他知道人体的已知和未知的领域。所以，与当时开有关人体的玩笑不同，希波克拉底专注于医学实践：仔细地对不适和疾病进行医学观察、诊断、预后和治疗。尽管他并不确定为什么草药、补品、休息和锻炼能够治愈疾病，他很清楚自己将竭尽一生来带给医学光辉的一面。他只对自己坚信的事物感兴趣，对可以去落实的事物感兴趣，总有一天，医学理论会发展到足以解释他的方法行之有效。

《韦伯斯特词典》是这样定义判断力的："通过辨别和对比形成一种观点或评估的能力；辨别力。"去辨别也就是"观察或认可；拥有察别两件事物或多件事物区别的能力"。

希波克拉底理性的本质表现了实用主义对于形成优秀判断力的重要性。在你追求成功的道路上，你将会经历各种由不可能、思维、观点和事实堆积起来的高山，而你的判断力就是一个过滤网。它的第一项任务就是分别哪些事物对你的旅程有所帮助，哪些会终止你的旅程。第二个任务，就如尼采所说"一个好演员或者伟大思想家的想象力总是能够源源不断地创造或是有益、或是平庸、或是邪恶的事情，但是他们的判断力，能够将想象力磨砺成一个优秀的观点、一次明智拒绝、一个理性的选择、一次合理的连接。所有伟大的艺术家和思想家都是伟大的工作者，不仅能够不知疲倦地去创造，还能够拒绝、筛选、转变和制定规则。"

你可能听到过，判断力的唯一来源就是经验，而错误的失败对于形成这种能力具有宝贵的价值。尽管这种说法有一定道理，但是经验是一个严厉的、没有效率的老师，它代价昂贵、耗费时间，有时让人心碎。现实情况需要我们去询问自己：我们能够做一些什么事情来锻炼判断力，从而辨别我们在旅程中即将面临的各种境况和环境，以便能够多做一些有帮助的决定？为了获取答案，让我们首先来看下正确判断力的最大敌人是谁：被叫做“认知冲突”的一种心态扭曲状态。

一只狐狸，一些葡萄，以及世界末日

一个世纪以来，出现了不少失败的末日预言家。这可以追溯到1666年，欧洲在那时对1666年充满了歇斯底里的恐惧，一直持续到现代社会。但是，这种预言最让人困惑的一方面，就是有众多的人还是拒绝相信像哈罗德 · 康平这样的伪预言家的欺诈本质，而且他们的说法一代又一代地继续被相信。

如果你和我在面对这些显而易见的骗术时无法坚定立场，那么我们都成为了这种骗术的牺牲者，而欺诈者正是认为人们很容易就能够被蛊惑。伊索是希腊奴隶和著名的讲故事的人，在几千年之前就已经认清了事实，并将其记录在其中的一篇寓言中。

这篇寓言就是《狐狸和葡萄》，故事是这样的：

> 一只一心想吃葡萄的狐狸，口渴难熬，它想要的东西长得太高，够不着。内心失落的狐狸勉强露出毫不在意的微笑，哭着说：“它们一定是酸的，犯不着浪费我的时光。”

这个故事告诉我们，当狐狸的期待无法满足结果时，它不得不为自己的失败辩护，从而安慰自己。这种逻辑推理被认为是“认知冲突”，对人们厌恶错误的一种总结。当人们一心想要完成的事情失败之后，他们往往贬低这件事情的价值，或是他们欲望的价值。当铁铮铮的事实与人们的信念产生矛盾时，人们往往会对证据产生不理智的抵抗心理，然后在他们的信念和对立面之间创造出奇怪的、毫无立场的连接，或者他们会简单地将冲突因素做出改变，或是做出刻意的误解。

当一个人已经无心相信现实时，他就会展现出极度不自然的非理性判断，这预示了他今后将会做出灾难性的决断。

奥顿，1876 年作为西联电报公司的总裁，拥有超过 4 100 万美元的现金资产，以及占有世界上最先进通信技术的专利。有一天，一个叫赫巴德的男人接近奥顿，想要以 10 万美元的价格将由他投资的、叫做“电话”的发明卖给奥顿。奥顿立刻意识到这个装置将会威胁到他在通信领域的地位，因此他用一种最不明智的方法——“假装无知”来对待他看到的发明。他麻痹自己，对自己说这个东西不过是鬼把戏，并直接写信给发明者贝尔，告诉他西联公司不需要这种“电子玩具”。所以，贝尔继续作为电话的专利持有人，几年之内，他的电话公司就成为了美国最大的企业。同时，奥顿因为心脏病突发死去。

可以说，正是可怜的判断力杀死了奥顿，而这也差点杀死美国工业史上最伟大的企业：福特汽车公司。

福特 T 型车在 1908 年发布第一台具有高性价比的汽车，并很快引起了美国的文化变革。1912 年，在亨利 · 福特结束家庭假期前往欧洲时，他的工程师为他展示了一台 T 型车的改进模型，来与像通用汽车和雪佛兰这类公司的产品进行竞争。然而，让大家诧异万分的是，福特竟然徒手将这辆车拆开。福特相信，消费者需要的只是基础的交通工具，不需要新产品。而美国的汽车买家并不这么认为，福特对于消费者心理和需求的错误判断差点葬送了自己和他的公司。

1923 年，福特的市场份额跌至 57%，1925 年持续下跌到 45%，1926 年仅占 34%，到 1927 年跌破 10%。最终，在公司潦倒之时，福特终于能够面对必须做出改变，不然就只能坐以待毙的事实。因此，1927 年公司发布了 T 型车的替代款，可是为时已晚。福特只能永远失去了在汽车市场上的主导地位，让通用、雪佛兰、道奇之类的竞争者异军突起。

丘吉尔曾经写道，真理是"无法辩驳的"。他说："憎恶可能会攻击它，无知可能会诋毁它，但是最终，它还是在那里。"奥顿和福特，缺乏主观的、务实的判断，没能珍视事实的毋庸置疑性，后来终于艰难地学会了这一点。

如果我们想要磨炼自己的判断力，我们的思维模式要向希波克拉底学习，而不是奥顿和福特：我们必须对新颖的、对立的观点、事实和理论持开放态度；我们不能够因为怕自己感到不适、尴尬、困扰而去不理智地忽视其存在。这种自欺欺人的后果，比事与愿违的忧伤更可怕。但是，你还需要加倍小心。因为尽管所有的天才都怀抱着一定开放的态度，他们还十分了解如何封锁这条开放的裂缝，就如我们能够在著名的哲学家和数学家莱布尼茨，以及伟大的启蒙运动作家伏尔泰两者之间，对于哲理的争论中看到的一样。

否决那些被普通人认为是神圣不可侵犯的观点、行为和思想，是很多历史上杰出思想家的特点。然而这些聪慧的大脑并不会当机立断地否决对立观点，而是利用他们原创的具有说服力的观点来进行辩驳，而这些观点通常是基于推理、证据和洞悉之上的。他们支持互相辩论，也会认真考虑他人的角度和观点。

莱布尼茨是一位宗教信徒，他相信我们世界上所有的不足都可以用一个理论来做出解释，那就是我们生存的世界是所有世界中最好、最具平衡性的世界，因为它是由最为强大、最为博学、无所不能的上帝创造的。与之相反的伏尔泰相信，一种至高无上的东西一定存在，但对于这个东西能够影响人类的努力这个观点却持反对态度。

伏尔泰在作品《赣第德》中对莱布尼茨的理论进行批判，这部作品中主人公见证了战争、疾病、死亡、奴役、折磨和许多野蛮行径，最终总结为上帝一定是将地球抛弃给了恶魔。“哪一个头脑正常的人会认为这是上帝尽最大的努力做出的事？”伏尔泰问道。然而，莱布尼茨早就聊到了伏尔泰的驳斥，并在散文《终极起源》中以优雅的方式对簿伏尔泰：

> 对这个无法丈量的永恒时间来说，我们所能知道的只是很少的一部分，和几千年的历史比起来，我们的记忆是如此的短暂。然而，从这些贫乏的经验中，我们总是草率地对这个浩瀚无垠、隽永恒生的世界做出判断……
>
> 试着看一张精美的图片，然后遮住它的一小块。那它看起来就只是让人困惑的色彩组合罢了，不能带来乐趣，没有了艺术感……可一旦移走遮盖物，从某个角度观察完整的画面，你就会理解，那些在画布上看似漫不经心的笔触是创造者用高超的技艺绘制的。就像眼睛是鉴赏画作的，耳朵是品味音乐的。
>
> 事实上，最伟大的作曲大师通常混合了不协和和弦以及协和音程，为了唤醒聆听者的情感，穿透他的内心，让其进入一种“会发生什么”的焦虑中，然后当音乐恢复平静之后，为聆听者带来一种加倍的快感……

没有尝过苦，就不能感受甜，或者说，不能品味甜。一致性、统一性不会带来快乐，因为一致性往往产生厌恶，让我们厌倦，不快乐：这就是快乐的法则。

莱布尼茨的回应同样具有说服力，并让你去怀抱更多全新的可能性。这两位伟人都将自己认为的真理进行演化，也都意识到并尊重对立理论的重要性，两位也都继续进行调查、研究、接受各种挑战，最终能够继续深入完善他们的真理。

这里我们所要传达的是，你拥有创造真理、维护真理的权利，就算他人有反对意见。没有人被规定必须要符合大众思想、权威观念。

佛陀告诉他的弟子，“不要相信任何事物，不管你从哪里读到，从谁那里听说，不管我说了什么，除了那些符合你的推理、符合你的常理的事物。”

希波克拉底将他的思维模式表现出来，认为上帝不是创造病痛、疾病的人，尽管整个希腊贵族都认为这是亵渎神明的说法。同样地，哥白尼推论地球围绕着太阳运动，地球并不是宇宙的中心，这与天主教的观点存在直接冲突，而当时天主教的观点已经对很多欧洲人产生了深远的影响。

“所有的真理都会经历三个阶段”，叔本华说：“首先，它是个谬论。其次，它被驳斥。再次，它不证自明。”

仅仅因为你的观点没有被广泛接受或采纳，并不意味这个观点是错误的。通往伟大旅途的高潮往往取决于你的观点是否能被传播，能否被接受。为了实现这个目标，你一定不能因为被反对而逃跑，你必须愿意接受驳斥你观点的证据，然后仔细思考是要为自己的观点做出辩驳还是改变立场。成功需要你投入到一条狭窄的智慧道路上，在两边抉择，一边是后果严重的不可知论，一边是无所顾及的唯我论——一条还未成形的、充满了可靠观点和信念的坚定道路。这仅仅是一种进化基础的心理表征——大脑是可适应的、可成长的，无法适应和成长的只能消亡。

孔子说："学而不思则罔，思而不学则殆"；托马斯 · 杰弗逊曾阅读过 1 万多本书籍，他说这对他的成长至关重要；马克 · 吐温说过："不读好书的人不比不读书的人有优势"。

学习成功人士的观点和生活是改善判断力、意识和对任意领域理解能力，甚至对生活本身最有效的捷径。当你把自己浸泡在充满了各种流派思想、经验、决定、结果的海洋中时，你就能够迸发出以前从未有过的灵感。通过广泛涉猎，你就能够间接地去体验和经历，从多样的环境和状态中找到最有效的数据和方法，帮助你在成功探险中指引方向。你在一本好书中能够学到什么，这其实往往需要用一辈子的时间去体会，并且有效地提升自己。

运用天才们过去所得出的方法和结论作为自我结论和发现的跳板，这可能会引领你去提升他人的发现和哲理，但不要畏惧对这些发现用自己的方式作出修改或否认。就如爱因斯坦曾经说过的："读书太多、思考太少的人最终会跌入惰性思维的深渊"。

永不停歇的教育一定是通向智慧和优秀判断力的可靠途径；我

说的“教育”，并不是指现代社会的学校，让学生去记忆无数的事实，但很少有强调自我思考的重要性。威廉·巴特勒·叶芝，赢得诺贝尔奖的作家和诗人，曾经这样描述教育：“它不是为了装满一箩筐东西，而是为了点燃一团火。”就像希波克拉底，一束教育火苗的燃烧，就能够区分出无知、迷信、欺骗的黑暗，同时也能够照亮通往智慧、理性和真理的道路。

世界上有无数根导火线点亮你的火苗：你的观点、经验，他人的观点和经验，你的理解能力，你学会接受、拒绝、提升的能力。但是要维持这颗火苗的亮度，就需要谨小慎微和孜孜不倦的态度。希波克拉底曾经说过：“生命很短暂，但艺术是永恒的；机会容易溜走，但经验将会永存，抉择总是艰难的。”

成功的道路并不好走。你将会面对各种进退两难的状况，困惑人心的谜团，以及并不能单靠直觉完成的决定。当你想要征求别人的建议时，你可能就无法指挥通往成功之船的方向。要学着像希波克拉底一样——有目的性地培养判断力，并勇于实践这种能力，绘制旅途中的事业之图。一旦你学会这样做，你会发现自己足够强壮到能够经受住错误的风暴，并将船桨一直朝着成功的方向划去，你要学会如何谨慎小心地向成功航行，经历最为平稳顺畅的航行，你也将拥有一种属于人类的天赋，用全新的方式理解宇宙，领航宇宙。

10

诚信正直·文艺复兴的智语

“诚信为本，如果我失去了名誉，也就失去了自我。”

——威廉·莎士比亚

只有拥有正直之心的英雄才能从人生旅程的火焰中安然无事地全身而退。真正的成功从来不会冠以欺诈、蛊惑的名义。

罗德里戈是一位风流的花花公子，而伊阿古是越南军队的一名官员，一心想要夺取奥赛罗将军的性命。罗德里戈一心想要的是奥赛罗的妻子苔丝狄娜，而伊阿古因为没有被奥赛罗提拔，而一心想要复仇。他的计划很简单：让奥赛罗相信他的妻子与被提拔的第一上尉凯西奥有婚外情，罗德里戈为了夺取苔丝狄娜挑拨离间，凯西奥也被免除职位。伊阿古和罗德里戈的诡计得逞，婚外情一事陷入了失控的局面。奥赛罗已经被蒙蔽了双眼，相信苔丝狄娜背叛了他，发誓要杀死她。罗德里戈在伊拉古的挑唆下刺杀凯西奥，但失败了。为了避免被指认，阿伊古将同伙刺死。然而，他的阴谋没有结束。奥赛罗以通奸的罪名将无辜的妻子勒死，阿伊古的计谋被凯西奥的妻子发现并揭发——她后来也被伊拉古杀死，于是莎士比亚的悲剧最后以奥赛罗自刎、伊拉古被处以刑罚和监禁而谢幕。

亚伯拉罕·林肯在上好学校、建立有利关系、取得好分数、挤入社会名流方面，并没有任何优势。然而，他所拥有的是无与伦比的努力和超凡的正直品格。在成为总统之前，他从事法律行业已有 20 年了，他为贫困人口降低费用，说服客户通过庭外和解来省下本应支付给他的律师费用，甚至无偿提供法律援助，这为他赢得了“正直的亚伯”名号。他的同事认为他在职业操守上排名第一，因为他们确信林肯从未说过一次谎。他对于法律学生的建议是“在任何案件中，都请用正直的方式来解决问题；如果按照你的判断，你无法成为一名诚信的律师，那就在除此之外的地方做到诚信。”他出了名的正直诚信帮助他取得了伊利诺伊州立法议员的职位，后来又成为了美国众议院成员，最终被选举为美国总统。

苏格拉底说，正直的人生就是成为我们假装成为的那种人。单凭个人主义是远远不够的——正直是能将生活中的一切拼接起来的胶水，它能够赋予你经受住世界带给你的任何困难。你很快就能够发觉，当压力出现在通往成功的旅程中，对他人保持诚信，对自己保持诚实，是最为重要的。

1717年5月16日对弗朗索瓦－马利 · 阿鲁埃来说是糟糕的一天，他被蒙受不白之冤送进了监狱。

一年以前，他由于批判法国摄政王奥尔良公爵腓力二世与女儿发生不伦关系的嫌疑，而被驱逐出法国。1717年，阿鲁埃得以释放回国后，又有两封嘲弄摄政王的匿名信被公开。

腓力二世为此大为动怒，马上将罪名指向阿鲁埃——当时他是贵族文学圈中一颗冉冉升起的巨星。尽管两封信没有任何署名证据，但腓力二世下令将阿鲁埃关入巴士底狱11个月，这是通常用来关押罪犯和其他不良分子的监狱。阿鲁埃没有被处以任何审讯，也从未提及此事，他只是毫无缘由地被逮捕、关押，锁在阴冷潮湿、鼠害成灾的巴士底狱中。他被允许看一些书籍，有一顶睡帽和两张纸巾。

阿鲁埃在狱中的不公正待遇提醒了他，进行法国社会变革事不宜迟。在恶臭、昏暗的堡垒地下室中度过的时间成为了他生命的转折点。他隐藏了自己的真名，为自己取了一个新名字——伏尔泰，理想是能够将欧洲从迷信、不公正、不包容、残暴和战争中解放出来。

伏尔泰得到笔、纸和墨水后，马上就把狱中所有的时间用在创造他的第一部戏剧《俄狄浦斯王》，改编自索福克勒斯的著名悲剧。

完成后，他又开始创作史诗《昂里埃特》，诗中赞扬了亨利四世结束法兰西宗教战争的盛举，并推行容忍的理想。

1718 年 4 月，伏尔泰从巴士底狱释放之后，便开始筹划戏剧《俄狄浦斯王》的首次公演。此次演出获得了空前的成功，接连上演 45 天，场场满座。23 岁的伏尔泰因为《俄狄浦斯王》挣到了一大笔财富，也为自己赢得了名声，甚至年轻的女王玛利亚也为之倾心。因此，摄政王给了他一笔抚恤金和一个能够让他像精英一样悠闲自在享受奢华生活的职位，但他很快就意识到这个礼物的代价不小：伏尔泰所有作品的著作权，这是对诚信的第一次考验。为了荣华富贵而背信弃义，还是选择一如既往的诚实正直？他的回答为法国贵族上了一课。

伏尔泰聚集了当时的其他思想家，他们都坚信理性主义具有至高无上的重要性。通过其作品，他对天主教的教条主义提出质疑，并推崇自然神论——相信至高无上的存在，但认为其不会再与人类产生任何关系。伏尔泰后来写道："如果上帝并不存在，那我们要将他创造出来。然而所有自然生物都呼喊上帝确实存在：因为世界上有一种至高无上的智慧、一种强大的力量、一套高尚的规则，而且一切都在告诉我们每个人都依赖着这些事物。"

他后来越发对英格兰感兴趣，一个兼容开放性思维的国家，因此他开始学习英语，学习像约翰·洛克和艾萨克·牛顿的哲学作品。这开启了伏尔泰一个全新的思想新阶段，后来与权贵们的碰撞更是加速了伏尔泰思想主张的传播。

1725 年伏尔泰在欣赏歌剧时，被来自罗昂家族的贵族——一个狂妄自大的人羞辱，说伏尔泰不属于精英群体。伏尔泰不服他的话，指责这位年轻的贵族，贵族暴怒后向他发起攻击，伏尔泰拔出剑，但在出现任何冲突之前就被拉开了。事件发生一天后，伏尔泰在苏力公爵的宅邸吃饭时被叫到室外，罗昂雇佣的一帮跟班正等着伏尔泰，他们残暴地殴打了伏尔泰，而年轻的罗昂正在马车内观望着整个过程，一边大笑着一边骂骂咧咧。

三个月后，伏尔泰在练习剑法后想要与罗昂决一死战。他最终发起了挑战，但这个贵族家庭并未应战。他们很快获得了“秘密逮捕令”——这是一张由国王签署的法令，通常是一些有权势的贵族为了推翻他们的敌人而发布的。伏尔泰于是又被逮捕，并送往巴士底狱，仍然没有受到任何审讯，也没有正式的罪名。

在监狱中，许多仰慕者都来探望他，但这并没有改变他的境况。伏尔泰生怕自己被终身监禁，便向法兰西当权部门申请更改惩罚：从法兰西流浪。他的请求被批准，伏尔泰出发前往伦敦，坚信自己终有一天会改变法兰西的司法系统，当时法兰西授予司法官员以终极司法权，允许他们武断地进行抓捕，通过折磨人的方式让嫌疑人认罪，没有任何审讯就处以终身监禁，没有任何陪审团同意就处以审讯，一旦认定有罪后所有财产充公，没有任何辩护可以抵抗与律法相矛盾相冲突的裁决。

伏尔泰在1726年到达伦敦，举目无亲，只认识一个商人。但他很快就在文学圈中建立地位，赢得了当时英国著名戏剧家的尊重。他以观众的身份想要与英国贵族解释，很快就与卡洛琳皇后结识，她十分热爱诗歌。卡洛琳皇后欢迎其加入不列颠上流社会。作为回报，伏尔泰发表了诗歌《亨利亚德》的英文版献给女王，这不但加强了伏尔泰与英国皇室的关系，也为他挣得一笔价值1 000英镑的财富。

伏尔泰继续被英国的事物所吸引。他对与法兰西的君主专制形成对比的不列颠君主立宪制极为感兴趣。他尊重英国人的言语自由和宗教信仰自由，他赞赏英国贵格会的包容和质朴。而且，他如饥似渴般地阅读英国哲学和文学，到达伦敦后6个月内就能够流利地用新语言表达。

当然，在这段时间内，他也没有停止写作。1727年，伏尔泰发表了两篇散文后就开始创作突破性作品《瑞典查尔斯十二世》。其中，他否认了神引领历史这一说。他在书中建议人类应当自己掌控命运，这是公开批判宗教教条主义的开端。“迷信和宗教，就如同占星术与天文学，也如同一个疯女儿和一个智慧的母亲。‘女儿’支配世界的时间太长了。”

历史学家称伏尔泰在英国的这几年是他最伟大的转型期，包括思想上的和道德上的转型。正是在这段时间内，他将自己对于思想自由、民主和平等的信念融合起来，坚信这是社会变革的要素。另外，这段时光教会了他诚实地对待自己；这段时间让他为了真理站起来，遵循内心的声音生活，不管外界存在着多少干扰的力量。伏尔泰在巴士底狱遭受的折磨如今化成了一道精练的、有指向性的光束——净化法兰西的文化阴霾。

在经历了三年的流放后，1729 年，伏尔泰被邀请回到巴黎，但是毫无补贴，也被禁止出入凡尔赛宫。他带着将英国启蒙运动渗透到法国的理想回到自己的家乡，并开始传播有关个人自由的信条。

然而他知道，他的使命需要经济独立的支持。庆幸的是，一个契机降临到他身边。法兰西政府发布了一种彩券来减轻公共债务，但还剩下很多彩券。在某天的晚宴上，伏尔泰听说一位有名的数学家宣称这个计划太不完备，只要有一个人把剩下所有的彩券都买走，他就一定能够得到巨大的收益。

很多人认为数学家的评论只是无稽之谈，伏尔泰却立刻进行了调查，发现这个人的说法正确无误。他便说服了几个朋友将所有的钱财放在一起，把剩下的彩券全部买下。伏尔泰倾囊所有到这笔投资中。这个投资要么就会让他成为一个不受任何富有投资者约束的富人，要么就会从经济上压垮他，逼迫他在他人的指示下工作。表面上，这种做法可以被打上不诚实的标签。但是，考虑到当时伏尔泰所处的境地，这真的是不诚实吗？伏尔泰当时面临着两个极端：在被审查机构压制的枷锁之下，不断地限制自己激进的想法；或者在赌博的游戏中大赢一笔从而能够无忧无虑地追求自己的人生目标。伏尔泰深知第一种结果将会真正地背叛自己的人格，而且等同于背叛上千万的国人。就像是一种杀死一个人但能够解救数千人的解药，这种解药能够被接受。这个买彩券的计划也是一种合法的、能够被接受也能达到其目标的计划，他认为，这也是一种为求更伟大利益的行为。

让法兰西大臣们困扰不堪的是，伏尔泰的计划成功了：伏尔泰赢得了一笔惊人的财富——总金额接近 4 万英镑，这大部分归功于伏尔泰这个策划者和主要投资人。父亲的财产也在彩券计划成功后得以继承。从此之后，伏尔泰再也没有因为财政问题遇到困境。而很多其他的作家不得不写出谄媚权势之人的作品来维持生计，为此改变了他们原本的职业志向或对权贵的偏见，而伏尔泰没有去迎合任何人。

1732 年，伏尔泰发表了一系列具有艺术性的戏剧、诗歌和散文，他真正从巴黎精英们的眼中赎回了尊重，也住进了凡尔赛皇家宫廷中。他的具有争议性的作品《英国通信》在 1733 年于英国第一次出版。在书中，伏尔泰公开赞扬了英国社会的包容性和君主立宪制，并称这是一种比法国更为完善的、进步的政府体制。

他写道："英国人是世界上唯一能够将国王的权力局限到可以反抗国王的地步。英国经历了万难之后，建立起了这个明智的政府，在政府中，王子的权力被利用来施惠于民，同时也会因为行恶受到惩罚；在英国，贵族是伟大的，但不傲慢无礼，尽管没有附属国，英国人民能够毫无困惑地与政府为伴。”

在这本出版物中，伏尔泰推崇牛顿的科学，摒弃大部分法国思想家供奉的笛卡尔思想，并否定了帕斯卡的言论：生命的意义是通过忏悔来到达天堂。与之不同的是，伏尔泰认为生命的意义是通过科学和艺术的进步，以及与自然的和谐统一，确保人类的幸福。

伏尔泰有关法兰西政治和社会的坦诚言论激起了精英之间甚至平民之间又一轮的全新探讨，同时也为他带来了个人危机。早几年前，法兰西就发布了一项制度规定所有作品的出版都需要经过审查部门的同意。任何与宗教、社会秩序或道德品质相违背的作品将被取缔出版权。让伏尔泰懊恼的是，一家出版社出版的《英国通信》，法语名为《哲学通信》——其手稿在 1734 年被审查机构当场烧毁。伏尔泰又开始陷入丑闻和骚乱中。

此书被查禁，出版商被送往巴士底狱，所有在巴黎的书稿都被收集起来，被处决者在众人面前烧毁，并且他们诋毁这本书“违背宗教、伦理和社会，大逆不道”。贵族叫嚣对伏尔泰进行逮捕，同年发布逮捕令。

于是，伏尔泰又一次不得不逃走。他在西雷村的庄园避难，这里是夏特莱侯爵和夫人的住所。这对夫妇利用他们的贵族职权为伏尔泰创造了安全的庇护所，也为他人生新阶段打下了基石。

侯爵夫人艾米丽，比伏尔泰年轻 12 岁，育有三个子女。她是一个聪慧、有教养的女人，曾经学习希腊语和拉丁语，也接受过数学教育。艾米丽和伏尔泰很快意识到他们性情相投，便一同出发探险，一同学习自然科学、历史和哲学。他们一起收集了近 21 000 本涉猎各种学科的书，并夜以继日地进行研究和讨论。不久后，他们两个互生情愫，这件事被艾米丽的丈夫得知后，并未抵制，他也会时不时地前去探望。坠入爱河后，伏尔泰告诉艾米丽的丈夫他们想要成为爱人，并得到了同意，他们两个经常双双出入公共场合，来表示对社会传统的蔑视，并不以他们的婚外情关系为耻。讽刺的是，伏尔泰以绝无仅有的正直方式进行着婚外恋。

伏尔泰和艾米丽的作品将关于自然哲学的新思想传播到欧陆地区。艾米丽翻译了《牛顿定律》，他们共同编写了《牛顿哲学原理》，后者是对牛顿突破性发现的通俗介绍。伏尔泰将这本书描述为是用来对抗法国人推崇的"落后卡迪尔主义思想"的"战争机器"。不久之后，法国的牛顿派和卡迪尔派之间引发了一场真正的文化战争，牛顿派以伏尔泰为主导。

18 世纪 40 年代早期，伏尔泰正直的品格认可度到达了制高点，他的才华也在欧洲受到广泛认可。大家都赏识他对传播真理的热爱，而不顾当时看来是多么荒谬的言论，很多人尊称他为有史以来最伟大的诗人和剧作家。他被纳入德国名人殿堂，被选为英国皇家学会的会员，甚至大名鼎鼎的法兰西学院也无法将他排除在外，在国王和教皇的支持下，他被准许加入政府。不出意料，他的就职演说稿既言辞生动，又对神灵具有讽刺意味。

然而，悲剧再一次在 1749 年发生。艾米丽、伏尔泰长达 15 年的一对情人，生下了第四个孩子。伏尔泰在场见证了艾米丽因为难产而死。他悲痛不已，也迷失了方向，不知该何去何从。他想在巴黎慢慢愈合悲伤的心灵，但还是认为在首都定居的决定很不明智，因为他总是在巴黎遇上麻烦。因此，他接受了普鲁士国王腓特烈大帝的邀请加入宫廷工作，但几年之后就因为不断与腓特烈和其官员发生争执而被辞退。

伏尔泰计划返回巴黎，但却听说路易十五全面禁止他的里程碑式的历史作品《风俗论》，这部作品着重于人类历史进程而并非君主和宗教领导人的作为。在书中，伏尔泰用历史时间来说明施暴和不包容性不仅是不正义的做法，并且是无用的，而最伟大的进步总是在思想自由发生时才能取得。

伏尔泰并没有选择在法兰西居住，而是选择住在瑞士。他在日内瓦郊外购置了房产。作为争取人类权利和包容性的带头人，他被热烈欢迎，也受到了极大的尊重，但不久之后，伏尔泰便对这温暖的待遇表现出了不安分。首先，尽管日内瓦法律禁止在私人或公共场所进行戏剧表演，伏尔泰还是将自己正在创作的戏剧搬上了舞台。

伏尔泰写道：“美德需要自由，就像负有重担时需要正面的力量。专制之下无美德，没有美德就没有宗教。让我变成奴隶吧，我原本就像奴隶一样。就连君主专制也无法强制群众如何选择他们的宗教，因为宗教本身应当是一种自由意志的选择。我的思想不会再被权威所束缚，只有病痛和健康。”

法国撤销了《百科全书》的出版权，而瑞士文人则谴责它是诋毁社会和道德秩序的破坏性作品。

1757 年，一个叫达米安的男人试图刺杀路易十五世，因此加大了法国审查机构的权力。国王颁布法令称所有“编写过、出版过任何攻击宗教、诋毁皇室权威、扰乱社会秩序和国家安定”的人都将被处以死刑。这种死亡的威胁也未能停止伏尔泰继续引领启蒙运动的计划，他致力于打垮所有与哲学和真理敌对的思想，及一切与建立基督教和亚里士多德君主制度相违背的思想。他的努力可以用他的一句名言来概括：“粉碎耻辱”！这句话指的是有史以来所有皇室和神职人员对民众普遍存在的不敬。

直到 1758 年，伏尔泰无法安全地留在日内瓦，因此他将更多的财产带入凡尔纳——一个位于日内瓦湖边的法国城市。他继续为朋友和熟人上演戏剧，并创作出他最杰出的作品。其中包括他个人最喜爱，也是阅读最广泛的作品《赣第德》，这是一个具有讽刺意义的故事，直接抨击了当时盛行的宗教享乐主义思想。

5 年后，伏尔泰发表了他最伟大的哲学著作《哲学辞典》，其中对旧政权生活的不公正待遇和谬论进行批判，并优雅地对包容性、道德、平等和友谊做出了概念解释。他写道：“什么是包容性？它是人文精神的必然后果。我们都是由各种弱点和错误构成的。让我们原谅互相的愚蠢——这是自然的第一法则。”

70 多岁的伏尔泰将他大部分时间花在为压迫者的辩护上。他涉足日内瓦政治，为没有公民权利的日内瓦工人说话，并建立起一家工厂，通过自己的不动产收益来帮助穷人。他遵循自己所提倡的宗教包容性和对人权的尊重，对折磨人的和恶毒的刑罚进行抨击。卡拉斯的案件尤其表现出了伏尔泰对于公民自由的追求。

基于道听途说的各种证据，卡拉斯被指认谋杀罪，并遭受到非人的折磨而逼迫其认罪。因为他坚持不承认自己并未犯下的罪行，所以在轮椅上被处以死刑：接受这种死刑的犯人会被绑在巨大的木轮上，用铁棍打断四肢，不管不顾直到几天之后因为恐惧和脱水而死。卡拉斯请求“恩慈”，后来刽子手在打断四肢之后，在众人面前将其勒死。卡拉斯在死前的最后一秒仍然坚持自己无罪。其所有的财产充公，只剩下身无分文、无家可归的寡妇，他剩下的一个儿子被放逐，而他的女儿被送至天主教修道院。

伏尔泰听说了这件荒诞的事，在暴怒之下进行了调查。着手为这位可怜的父亲洗刷冤屈。他写了几十封信件给欧洲各个有权势的同盟，包括俄国女皇凯瑟琳和腓特烈大帝。伏尔泰雇佣了一位律师并筹钱准备官司，以证明卡拉斯的清白。经过了两年不懈的努力，伏尔泰在法国国会发起了一次以示卡拉斯清白的投票，这为卡拉斯家庭赢回了被充公的房子，孩子们也都得以回到母亲身边。伏尔泰在胜诉之后，甚至还送给他们一套房子。

这是伏尔泰住在凡尔纳期间各种事件中的一件。很多罪犯都是在处决之后被证明了清白，但至少因为伏尔泰的努力，很多人被洗刷了冤屈。他冒着危险，大胆指出这些事件正是司法不公正和野蛮行径的表现："当局政府犯错了，你的正确就变得很危险。"

1778 年，在凡尔纳被流放了近 20 年的伏尔泰回到巴黎。84 岁的他刚刚完成了悲剧《伊雷娜》，并在巴黎国家剧院进行了首次公演，除了好好看一场自己的作品，他别无所求。

1778 年 2 月，伏尔泰被允许进入法兰西首都巴黎，并因为作为启蒙运动的领导者而受到了英雄般的欢迎。巴黎街头人头攒动，为他的回归欢呼着，让伏尔泰欣喜若狂。然而，这种快乐可能对他来说太过强烈，他很快就生了大病，并在这个月末感到自己即将死去。"我死了，仰慕着上帝，深爱着朋友，对敌人并不憎恨，但对迷信深恶痛绝得死了。"他这么写道。

就如命运赐予伏尔泰恩惠一般，他有些康复了，并用这段最后的时间开始了《伊雷娜》开演前的准备工作。1778 年 3 月末，他参加了这部喜剧的演出，笼罩在观众们的热情和专注中，观众们赞许他为弱势的人发言，并尊称他为"桂冠诗人"。

伏尔泰决定留在巴黎，他买了一间房子，然后开始创作另一部悲剧。然而几个星期后，伏尔泰又一次重病，很快就被发现在床上离去。有故事说，一个牧师曾劝诫伏尔泰在死前放弃行恶，他最后的回复"现在还不是与人为敌的时候"。

伏尔泰的传奇作品是各种体裁的文学作品，包括戏剧、诗歌、小说、散文、历史作品及科学作品。他生前至少用过 178 个笔名，写下了超过 2 万封私人信件、超过 2 000 本书和册子。

他作为一个勇敢的善辩者而永远被铭记，他曾无畏地争取人权，包括公民的公正审讯权、言论自由权、宗教信仰自由权；他声讨法国专制的伪善和不正义；他引导哲学、神学和科学远离迷信，接近开明的理性主义。他的思想对美国革命和法国革命的思想家，都具有深远的影响。

伏尔泰的精神用一句他自己的话来总结再合适不过了，“拿起笔杆就是进入了战场”。他的主要思想可以用他一直以来坚定的信念来总结，那就是任何权贵、任何神明，都不应该影响人类具有批判性的思考。

他说：“我从来没有向上帝祈祷过，只有一个小小的请求。主啊，让我的敌人变得滑稽可笑吧，然后上帝就同意了。”

诚实与不诚实的双重性将为通往成功的旅途中的方方面面进行上色。坦率地说，正直的行为能够让你生活在光明中，而表里不一将为你的前途蒙上一层阴影。谎言能够让道德败坏和邪恶以各种形式遗留下来，像《安娜 · 卡列尼娜》《包法利夫人》和《奥赛罗》已经经受了世世代代的考验，向我们发出严肃的警告：一切灾难起源于小小的不诚信。

然而，诚信和天才之间的联系还不止于此——伏尔泰的人生故事能够让我们看到这个启示。一个天才的诚信来自于无论在何种情况下，我们都诚实以待的第一个人——就是我们自己。这个人是我们永远不会欺骗、欺诈、蛊惑的。

外在行为只是内心思想的一种反射

对自我诚信也被称为正直。它是指，不管他人是如何考虑的，我们都要坚信自己眼前看到的、内心倾向的对与错、真和假。

在罗恩·哈伯德所写的《快乐之道》一书中，他是这么解释的：

"很多人尽力去说服你，目的只是为了达到他们的个人目的。"

"对你来说正确的东西才是真正正确的。"

"没有人有权抹去事实，也没有人有权命令你去相信其他的东西。如果你认为什么不是正确的，那么它就不是正确的。"

"用你自己的思维去思考问题，接受对你来说正确的事物，摒弃其他的事物。没有什么比生活在一堆谎言之下更痛苦了。"

伏尔泰深知那个时代的不公正和暴政是不可饶恕的，即使它们植根于欧洲社会和宗教传统中。他坚定的诚信和正直使他能够在被迫害和放逐之后，仍然能够坚持不懈地与贵族阶层和宗教压迫作斗争。他对于揭露、批判恶势力绝不惧怕，即使面对各种借口和强权。

因此，他启示了普罗大众去找到自己内心的声音，为他们认为是正确的事情行动起来。很幸运，伏尔泰以及他少数同僚们的思想能够被传播和扩散，从而使得政治和思想的专制统治被推翻，世界被永远地改变。

在成功的旅程中，对自我的忠诚是诚信的第一课。我们可能不会遇到像伏尔泰经历的压力，但我们有必须面对抉择的时刻：我们是做出祈祷，咬紧牙关，勇往直前地尊崇我们的信仰，还是扭曲自我的感受和结论，告诉自己自欺欺人也是没关系的，真相另有所指？“生活就是不断地斩断荆棘，没有什么方法比培育属于自己的花园更好的补救措施了。”伏尔泰如此写道。也就是说，只有完完全全地了解自己才能够克服所有的危险。

安兰德在他的作品《阿特拉斯耸耸肩》表达了与自我诚信意识的对抗，作品诉说了当没有人再愿意去相信事实、做真实的自己后，社会崩塌了。当盛行的观点出错的时候，我们需要勇气来说出事实，做那个正确的自己。伏尔泰知道“将愚蠢的人从他们尊崇的枷锁中释放出来”非常艰难。所有伟大的道德、宗教、思想、科学和哲学都是由一小批勇敢的怀抱理想的人领导的，他们的诚信唤醒了大脑，一个传播给另一个。“热爱真理，但请原谅错误，”伏尔泰说。

这些天才们把诚信放在重中之重——有时甚至高于自己的生命。他们热情地为真理而战斗，这种投入需要我们对周围的人保持诚实的态度。我们都听到过“诚信为本”的说法，但是当我们面临坦诚带来的后果，以及“荫凉捷径”的诱惑时，怎样才能找到保持诚实的力量呢？

韦尔斯利学院所做的关于人类关系的研究表明，对他人报以诚信的人往往更加快乐、更为乐观、拥有更强的自信心，也会取得更好的人际关系。

有人认为待人以诚是一项艰难的重担，一个会制造各种不必要麻烦和冲突的习惯。其实任何亲密关系中，冲突都永远存在，但如果我们以开放的态度来处理这些冲突，那么这种冲突就是有益的。如果当你意识到掩盖事实将会引发长期的抑郁、压力、内疚和困惑时，你还会为了避免冲突和一时的尴尬这么做吗？但当你向他人撒谎时，事实就是如此——你为天空带来了一朵乌云，而它最终会泯灭生活的亮光。

谎言，甚至是“善意的谎言”对你追求成功的旅程拥有深层次的、潜在的危害。谎言创造了一种替代性的现实，需要越来越多的谎言去弥补，这些谎言一个接着一个。亚里士多德对呈指数型增加的谎言提出警告，他说“离真理最小的偏差，日后会以千倍的方式增长。”最终，这张欺瞒的大网变得越来越纠缠不清，让你觉得自己像《格列佛游记》中的主人公——一个被蚂蚁军团困住的囚犯。

不仅如此，我们还需要小心对待谎言以防它与现实产生冲突。林肯说：“没有人的记忆力好到可以制造一个成功的谎言。”愚弄别人比大部分撒谎者想的要困难。有些聆听者可能不会质疑某些可疑的说法，可有些人却善于找到撒谎者。最终，当有一个人找到了证明谎言的说法和观点时，谎言就像一座摇摇欲坠的积木塔一样，自上而下崩塌。然而真理，不怕被质疑、不需要被保护。事实怎样，真理就是怎样。世界就是你的记忆和证据。如果有质疑的声音，你大可不必争辩。

就像将鹅卵石扔进小池塘里，一个谎言的波纹将会激起涟漪直至最远的对岸。当你对某个人撒谎时，事实上你在或多或少地否认这个人在某件事情上的理解力。他们将会基于你的谎言来做出选择，这就是你的责任，其后果有时难以预料，就如《奥赛罗》的故事。

诚信会让事情变得简单，这就是达 · 芬奇所说的“终极的诡辩”，诚信也会帮助你顺利地通往成功的旅途。欺骗所带来的复杂性就如一件紧身衣，将你包裹得紧紧的，一寸又一寸地让你的形象受到影响。最终，你都忘记了怎样才能够自如地去思考和表达。

你的探险旅程需要你重新考虑什么是事实，也需要你去转换角度，讨论困惑的事物，调和中途，解决疑问。不诚信的人带上面具工作，歪曲真理和现实，永远没有能力发挥自己的特长。如伏尔泰所说，他们的思想仅仅是被用来“为他们的错事辩护”，他们的言语只是用来“掩盖他们的想法”。只有一颗诚实的心和开放的思想会足以灵活到告诉自己何时谦卑，何时坚定，何时质疑，何时去相信。

11

传播的力量·变革的笔杆

“如果我得到的智慧有这样的限制，即我只可以拥有智慧但不能传播智慧，那我拒绝拥有这个智慧礼物。”

——塞内加

通往成功的旅程永远不会是只身一人。没有同盟的帮助，英雄就永远不可能达到他的目标。

奥德修斯逃离了阴险的食莲人，击败了残暴的独眼巨人，躲避了莱斯特律戈涅斯巨人，战胜了女妖锡西的妖术，绕开了海妖塞壬，避免了六头妖希拉的迫害，经受住卡吕普索的引诱获得了自由之后，试图返回家乡伊萨卡。他的冒险之旅让他失去了整个舰队和队伍。不久之后，他就发现自己孤身一人受困在一座陌生岛屿的海岸上。然而，在雅典娜的帮助下，奥德修斯遇到了这个岛屿的统治者——淮阿喀亚人，在分享了自己的探险故事后，奥德修斯得到了国王和王后的帮助，他们同意帮助他渡河回家。奥德修斯终于在离家 20 年后，回到了他深爱的妻子彭妮洛佩和家人身边。

春秋战国时期，鲁国三桓犯上，他们分别是季孙氏、孟孙氏和叔孙氏。在这三个家族的统治下，社会恶行泛滥、不公不法，孔子想要拆除这个寡头统治的政权，建立一种基于法律和伦理道德的中央集权。但是缺乏军事力量支持的孔子，实行变革的唯一方法就是外交。通过教学，孔子将他的弟子组建起来，形成了一支传播社会平等、道德规范、自我修养、仁者爱人和有教无类的和平队伍。孔子和其弟子在一年半的时间里不曾停歇传播的脚步，最后终于成功说服了统治阶层进行变革。他们拆毁了三桓所建的第一个城堡，孔子思想继续通过他的弟子们扩大影响力，最终，儒家思想成为了汉朝的思想脊梁，2000 年以来仍产生着深远的影响。

没有传播的意志和能力，就永远不会培养出天才的潜力。尽管很多人会以内在的标准来考量天才，比如智力、口才、创造力等，但是真正的考量标准和天才的底线是外在的：在某领域的影响力。美德只有通过运用，只有在对人们的心智、生命和周围的社会产生刺激，并作出改变后，才能成为天才的品质，才会通向成功，而这无法由一个人来完成。不管是谁，不管多么特别，都无法在没有盟友和支持者的情况下成功；不管某项运动的领导人有多么公平正义、能力卓越，没有肩并肩、坚持不懈的群众努力，没有赢得周围人的认可，这项运动都不可能成功。

传播是能让一切成真的催化剂。它是一种能够让你的意识被全世界感知的力量。所有留存于历史长河中的思想、哲理和行动，在本质上，都是有效传播的体现。是真是假，是好是坏，具有说服力的传播，塑造了我们的世界。

传播的能力是天才密码的武器，是超越一切的武器。历史证明了传播的能力比任何军队、帝国还要强大。你马上就可以看到，笔杆不仅比刀剑有威力，而且一旦没有了笔杆，刀剑在这个世界上就失去了存在的意义和价值。

托马斯 · 潘恩 37 岁之前好像从未成功过。他的第一个生意——定制胸衣以失败告终。不久之后，他的第一个妻子在分娩时死去。接下来，他在自己最痛恨的英国政府担任税吏，后因为过失行为也被开除了。再后来他还找了服务员的工作，甚至试着作为英国国教会的牧师进行布道。几年后，他在复职为税吏后再婚，三年内再次被解雇，这次是因为未经同意擅自离岗。他的第二任妻子也很快离开了他，就像是在他心情低落时受的又一次重创，他被逼无奈只能将所有财产一并售卖出去，宣布破产。

在他第二次担任税吏时，曾经提笔撰文称提高税吏工资是遏制员工腐败的唯一方法，同时将该文印刷上万份小册子进行分发。1772 年，潘恩搬到伦敦继续代表税吏游说，并被税吏长引荐给本杰明·弗兰克林。尽管当时潘恩传播自我观点的努力没有成功，让他丢掉了第二份税吏差事，而且遭受破产，但他与弗兰克林的见面为其进入人生冒险打下了基石，这将会永远改变潘恩的命运。

弗兰克林在潘恩身上看到了与众不同的一面，便建议他前往殖民时代的美国开始新的人生。弗兰克林为潘恩写了一封信，推荐他担任“学校教员或助理，以及助理测量员”。

一无所有的潘恩便登上了前往美国的轮船。他差点儿在这次航行中丢了性命。因为船只的供水设备已坏，伤寒病又在乘客间传播开。当船只在 11 月停靠至费城港口时，潘恩已经虚弱到无法下船。所幸弗兰克林的医生正在岸边等着他，于是马上为他看病。6 周之后潘恩才彻底康复。

精力恢复后，潘恩在美国的第一份工作就是《宾夕法尼亚》杂志的编辑，而且出色地完成了这个岗位的任务。除了常规工作之外，他还开始为杂志和其他报纸撰写文章和诗歌。在题为《在美洲的非洲奴隶》一文中，他严厉批判了非洲奴隶交易行为，并以“公正和人性”作为文章落款。

他写道：“一些无望的无耻之徒情愿去偷窃，情愿以暴力和谋杀的方式奴役他人从而获取财富，与其说这是一种奇怪的行为，不如说它很可悲。但是那些文明人，参与到这种凶残的行为之中，这真是太令人震惊了。”

就像命中注定一样，潘恩到达美国之时就是殖民地人民和英国之间的冲突到达顶峰之时。潘恩不想对自己的国王和祖国不敬；但是他在英国社会底层生活的几十年里，受尽了贫困和阴郁的困扰，这让他不得不转变观念。事实上，正是在英国所遭受的困境将他不断地推向美国开国事业的倡导者一边。美国大革命第一次战争在列克星敦和康柯德打响后，潘恩认为殖民地革命者不仅应当反抗征税，还应当要求从无耻的英国君主制度中解放出来。他在小酒馆内的直率抨击为他带来了很多志同道合的朋友，于是他想到了一个主意。如果他在大革命中的形象真像这样具有说服力，那么当他把自己的街头演说搬到整个国家面前会发生什么呢？

答案在 1776 年 1 月揭晓，潘恩带着一本小册子《常识》突然闯入公众的视线，他的人生——或者说他周遭的世界都改变了。

尽管《常识》这本小册子十分简短——不足 50 页，但它却成为了美国大革命中最为重要的一本册子，也为独立宣言的传播打下了铺垫。《常识》很快出现了十几种版本，而且在文化人之间传播开来，三个月内卖出 10 万份。整个独立战争期间发放了超过 10 万册《常识》。殖民地时期的美国仅有 200 万人口，《常识》是美国历史上流通最广的书籍。

在《常识》中，潘恩批判了君主制系统，并认为世袭继承制对于国家的荣誉和强大不再是一种合适的做法，一个诚实之人比“所有历史上戴着皇冠的恶棍”对社会要重要得多。

“但是，你说说看，美国的国王在哪里？”他答道，“朋友，我会告诉你，美国的国王支配一切，但不会像英国皇室的禽兽那样祸害人类……一直以来我们都承认君主制，但现在，律法才是美国的国王。”

潘恩还攻击了所谓高尚的英国宪法，并宣称与英国的调解是无法接受的。在他的眼中，只有彻底从英国的统治中解放出来才是美国真正需要的。

他写道：“在我们面前有众多的机会和众多的理由，去塑造一个世上最为高尚、最为纯净的宪法。我们有这个能力改写世界。”

尽管小册子中的内容并没有推陈出新，潘恩从革命领袖，如约翰·亚当斯、汤姆斯·杰弗逊和约翰·迪克森的身上借鉴思想，但其传播理念的方式与他们却截然不同。他们是理智的、受过高等教育的人群，通过互相写信来进行交流。也就是说，他们博学多才、写作方式结构特别，遵循各种修辞手法，蕴涵了各种拉丁名言、历史引用和名人典故，而这种形式的文本却无法被普通美国人所理解。

潘恩与之不同，他用一种圆滑的技巧，能够从那个时代的伟大启蒙运动思想家身上提炼出最重要的概念，并以一种人人可以理解的方式传递出去。他开创了一种全新形式的政治写作，摒弃辞藻华丽的传统劝导方式，取而代之的是用清晰、简练的语言烘托其中的丰富情感，而这一点，传统写作模式是无法做到的。他拒绝使用听起来“悦耳”的词语，而是使用取自日常生活的简单了当的语言，让没有接受过教育的人能够理解。他说：“我让不能识字的人理解我说的话，避免一切华而不实的装饰语，将语言变得如同字母表一般简单。”这种果敢的尝试和雄辩的表达，让很多美国人都感受到了英国皇室对他们施加的束缚。

从这一点，我们学到了关于有效性传播和赢得同盟的第一课：我们的话语能被目标群众所理解，被他们所接受，这具有至高无上的重要性。我们必须用他们所能理解的话语来表达，重要的不是在于他们是否能够同意，而在于我们是否能够说服。雄辩的言论不能是晦涩费解的，冗词赘语不能够影响内容的传达。

当五个字就能表意时，潘恩不会再多加五个字。当一本小册子就可以达到潘恩的要求时，他绝不会将其变成长卷巨著。真正老练的写作不是通过反复赘述的长篇大论、空洞的语言和曲折的逻辑来表现的。恰恰相反，真正老练的写作只有通过最简洁的精练思想、提炼语言和表达来形成——不多不少。潘恩的语言，就像是每个人恰如其分的着装，赢得了来自不同阶层、众多群众的欢迎，同样的语言，也化成了锋利的刀刃，以枪炮都无法匹敌的方式刺入了英国人的心脏。

潘恩的小册子就像野火一样蔓延开来。其中传递的远见和计划为很多受尽英国暴政折磨的美国人找到了解决方法，也迫使他们不得不做出一个关键性的选择：英国还是美国，活在过去还是未来。

《常识》在殖民地美国的各个小酒馆里被广泛传阅，传播了共和思想，激发了人们从英国政权中脱离的热情，并成功为美国大陆军队招募到了士兵。

就像本杰明·拉什所评价的《常识》，“它对于美国人思想的影响力是突如其来且广泛深远的”，这点毫无疑问。这激发了一场有关独立的公共辩论，这在之前的环境下往往是不可公开讨论。这本小册子具有无法抵抗的吸引力，很对就被认为是一份天才之作。

《常识》让潘恩成为一名美国名人，他开始逐渐结识到美国大革命的所有政治领导人，并想要进一步帮助这些同僚。于是，潘恩继续为美国独立事业发声写作。他对于美国独立作出的下一个贡献就是发表名为《美国危机》的系列散文，这套散文在美国独立战争期间陆续出版和发售。

第一篇文章在1776年12月19日出版，以一句名言作为开头“这是考验人类灵魂的时代。在当前的危机中，精壮的战士和乐天的爱国者在为国家服务的责任面前畏缩不前，但只要是现在能坚持战斗的人就应当得到全体人民的爱戴和感激。”潘恩指的是如果战争大潮不发生改变，那么美国大陆军在这个月内非常可能将要瓦解。华盛顿将军在1776年的圣诞夜，将这篇散文念给他的军队听，而这一晚，华盛顿第一次大获全胜，也就是特兰顿战役。

潘恩在《危机》的第一篇散文中这样警告美国人：“你住在哪里不重要，你处于哪个社会阶层，这也不重要，福和祸都会来到你身边。不论是远是近，是家乡还是边疆，是富人还是穷人，喜则同喜，忧则同忧。此时此刻无动于衷的心便是死的，他的孩子们将以血咒骂他的怯懦，因为他只要付出一点便可拯救全体，使他们获得幸福。我爱能在危难中微笑的人；我爱能从痛苦中聚集力量的人；我爱能通过深思变得勇敢的人。临阵脱逃是小人的行径，而一位天性坚毅，行为不背良心的人，将会坚持原则，至死不渝。"

在后来的几篇散文中，潘恩继续对懦弱者嗤之以鼻，大力赞扬爱国主义精神，并用永远脱离英国统治的理想信念点燃美国人内心的火焰。他在《危机 · 第四卷》中表示："我们不是为了征服而战，而是为了自由而战，是为了在地球上多留一些空间给诚实的人居住。"

1779 年，潘恩被任命为宾夕法尼亚州议会议员，在那里他亲眼见证了美国军队因为缺少收入和供给品而灰心丧气。为此，潘恩开始号召集体资助缓解士兵境况，他首先倾囊而出筹到 500 美元，这已经是他所能做的极限，因为当初他为了让自己的册子更快地流通，拒绝收取任何稿费。两年之后，他和华盛顿的副官一起前往法国，带回了现金 600 万美元和一笔 1 000 万美元的贷款，以及最终对美国独立战争的胜利起到关键性作用的大量衣物和军火。潘恩婉转地拒绝了华盛顿向国会支付其工作的请求。

然而，也不是没有人批判潘恩。潘恩的有些做法让美国上流社会人士十分困扰。他对外貌毫不在意，总是蓬头垢面。他的大鼻子总是因为饮酒过度变得通红。他还总是衣衫褴褛，乱发横飞。在为政府担任多个要职期间，他经历了一次又一次政治纠纷，和许多人结怨。就算常与华盛顿、杰弗逊、拉法耶这类人打交道，也从没被认为是一位绅士。

而且，潘恩还被批判无财、无家、无亲——只是撞上美国海岸，并游荡在美国各阶层之间的一具残骸。然而，潘恩却因为自己无亲无故而倍感庆幸。他曾吹嘘自己能够“把没有亲人看做政党，自己对他们毫无利害关系或个人情感，因此将会致力于为广大群众服务。”他将自己看成是“世界的公民”，一个无须维护个人利益的人。

在美国独立战争之后，潘恩贫困不堪，只能请求国会进行财政扶持。华盛顿写信为他申请，但是潘恩在国会的对手拒绝了他的申请。宾夕法尼亚州给了他500英镑和一块位于纽约新罗谢尔的土地。他接受了这份施舍，并搬到新罗谢尔，开始专注于研发没有支柱的铁桥以及无烟蜡烛的计划中。这段时间里，潘恩萎靡不振，很快他便再也无法忍受这种生活，因为他又要加入一次新的战斗中：法国大革命。他被埃德蒙·伯克在《法国革命论》中表现出的批判所激怒，在告诉华盛顿“两次大革命的共同点，就是告诉我们人生要有目标”后，立刻前往法国。

潘恩匆匆写下并出版了《人权论》来回应伯克，这成了西方历史上最伟大、最重要的政治论著之一。该书迅速在欧洲传播开来，总结了他在美国时所学到的立宪政治和政治理论。至今为止，《人权论》被广泛认为是对美国大革命政治思想最中肯的表达。

《人权论》分析了欧洲社会不安分的原因，提出了独裁政府、四散的贫穷、文化低下、无故战争的替代物。潘恩认为新时代应该是君主世袭制和君主制终结的时代。人民不再是被压制的群体，而是拥有相同权利的公民，生来拥有平等的、自然的人权；人们应当拥有定义和限制政府宪法的权利；没有人有权凌驾于人民主权之上；因为人生来就是具有社会性的，人们应当有追求自我幸福的自由。如果杰弗逊将他的信念变成法典，那么这部法典的很多内容将与《人权论》相呼应。

潘恩写道："我所说的话开放、公正，并非出于一时的热情而是出于人道主义。我，不仅拒绝了政府的报酬，因为我觉得不合适，而且还拒绝了可能会让我声名远扬的荣誉。难怪吝啬和强迫令人生厌。我的幸福是独立，我以事物原本的状态来看待他们，不管与之相关的地位或是人物；世界就是我的祖国，做善事就是我的宗教信仰。"

《人权论》的出版在英国贵族间引起了喧嚣，他们生怕这本书在英国引发"血腥的变革"。因此，潘恩被告知只能出版此书的高价版"以便限制它在推崇潘恩思想的读者阶层间流通"，并受到警告，一旦此书以低廉的价格在普通民众间传阅，潘恩就将受到处决。当然，潘恩对这条建议置若罔闻，因为他的使命就是让群众也能够看到政治批判，为被上流社会和贵族阶层所嘲笑和不齿的社会底层人民发声。于是，潘恩又一次执行自己的使命，以一种比当事人更具有切身体会的方式，传递出了人民——贫穷的、被剥削的、被压迫的人民，所存在的内在问题。

后来，这本书在英国被查禁，出版商被捕，所有书籍被烧尽。潘恩那时住在巴黎，因此未遭到审判，但以煽动诽谤的罪名被指控为逃犯，一旦回到英国马上被处决，并且此书遭到永久性禁止。

“如果将君主政体的欺诈性和压制性曝光，传递共同的和平、文明和繁荣，打破政治迷信枷锁，让那些被压迫的人重返常规生活，如果这些都是不实的诽谤……那就让诽谤者的名义同我一起入土吧。”

和伏尔泰一样，潘恩知道无论是多冲动的批判家都无法阻止他继续挥洒笔杆。坚定信念的潘恩将他的文字作为攻击性的武器，武装他的盔甲，传递人民的想法，也为他们传递新思想。

作为法国大革命的积极支持者，潘恩被授予荣誉法国公民的身份，同时被推选进入法国国民工会。他支持法兰西共和国，但由于他认为复仇性处死是非道德行为，所以支持将路易十六流放至美国取代处决，因而被很多极端分子排挤。

1793 年 12 月，潘恩在恐怖专政时期沦为阶下囚。法国颁布法令，取缔所有外国人的法国国民工会资格，于是潘恩被捕入狱。但是，在被捕之前，他就开始创作另一本书《理性时代》，这本书潘恩在监禁时期完成（当时他坚信自己会死在狱中）。最终，这本书不仅破坏了他在同僚之间的声誉，也摧毁了他最强有力的支持力量——平民。

潘恩具有一种激起人们内心情感的能力，但这次他的这种能力将矛头指向了他自己，连他对于人类政治进程以及社会思想所做的无法估量的贡献也无法拯救他。他又再一次证明了自己的文字比世界上任何武器的危害力都要强大。

尽管《理性时代》让人们开始称他为“那个肮脏的小无神论者”，而肯定的是，潘恩并非无神论者。事实上，他书中大部分内容都是在解释他认为自然神论才是整个宇宙伟大的创造者和统一者。

他在书中说道：“我相信世界上只有一个神，再无其他；我期待此生之外再得幸福。我相信人人平等，我相信伸张正义、爱人以德、努力使一切同生生物得到幸福，这几点与宗教责任感一定是一致的。神的话语是为人所坚信的创造，没有一种人类发明能与之相提并论，或替代之，神的启示是普遍一致的。”

就算《理性时代》中存在这些自然神论的观点，大部分美国人都认为这本书是不忠不敬的。因此，潘恩仍然被贴上“无神论”标签。讽刺的是，他的宗教观点其实在当时推崇自由思想的绅士人群之间十分普遍，比如弗兰克林、杰弗逊和其他的精英人士。但是，他们审慎地将自己无神论的观点远离公众视线，而潘恩却尽可能地将其传播出去：他公开在街上表达自己的观点。后来，他意识到文字的武器其实是一把“双刃剑”。

《理性时代》在1794~1796年间共修改了17版，导致很多人都担心潘恩激进的、无礼的观点正在逐渐破坏社会道德感。潘恩差点没能逃过处决，后来在1796年从法国监狱被释放，幸好雅各宾派的罗伯斯庇尔——也就是将其抓捕的带头人倒台，在美国驻法大使的干预下，潘恩重获美国公民身份。

当他在1802年回到美国后，他很快发现之前为这个国家所做的一切贡献都被遗忘了。他被公众以及媒体攻击，并被他之前的朋友抛弃，人们称他为"骗子、酒徒、残忍的不信教者"。尽管遭受排挤，潘恩继续写作，否认自己是一名无神论者，但是这一切都劳而无功。他依靠笔杆来生存，最后，也在笔杆的陪伴下死去。

潘恩的去世给他的同胞再次上了一课，这一课与他第一次关于美国大革命爆炸式的公开演讲恰恰相反，因为那一次赢得的是民众的热爱和忠诚。一开始，在《常识》中，他用自己的能力、采用传播的工具来给与普通民众一个共同的声音，人们也都纷纷响应。

但如今，在《理性时代》中，他用相同的能力煽了民众一记重重的耳光，这让民众对他心生反感。当我们在冒险的旅程中想要为这个世界留下永久的影响力时，我们就必须考虑外界将会以怎样的方式接收到我们的理念，我们要努力让那些令人难以接受的观点变得引人入胜，而不是令人排斥。优秀的传播能力能够让你拥有振奋他人的力量，说服他人在你的旅程中支持你的立场。但是，如果没有相同强大的缓和调解的能力，就很容易让那些接触这些观点的人受到伤害、留下伤疤。

潘恩曾写道："我可以很自豪地说，早期生活中遇到的挫折，磨练出了一颗无惧困难的恒心，一种受人敬仰的公正无私，我不仅为在世界上建立一个全新的帝国做出了贡献，也建立起了一个全新的政府系统，而且在政治文学领域达到了卓越的地位，这是很多同行者想要完成但无法完成的挑战，而贵族统治，即使费尽心力，也无法赶超。"

潘恩在 1809 年 6 月 8 日于纽约格林威治村去世，享年 72 岁。葬礼仅有六人参加。作家和演说家罗伯特 · 英格索尔称如果没有托马斯 · 潘恩，"自由的历史就无法被书写"，并这样总结潘恩的一生："托马斯 · 潘恩已经超越了生命的传奇。他的老朋友、他的熟人一个又一个地弃他而去。从各个方面中伤他、咒骂他、回避他、唾弃他，他的美德被诋毁，他的贡献被遗忘，他的品质被丑化，但他坚持着灵魂的淡泊和平衡。他是人民的牺牲品，但他的信念未被动摇。他仍然是为自由而战的勇士，仍然试图去启蒙、开化那些不耐烦地等死之人。甚至是爱着敌人的人也全心全意地痛恨他和他的朋友——他是整个世界的朋友。"

约翰 · 亚当斯于 1805 年写给本杰明 · 沃特豪斯的信件中怀疑

道:“世界上有没有人比潘恩在过去的三十年里对人类和政治世界产生的影响力更为深远?”如果潘恩没有从事写作,美国大革命可能就会在怀疑、攻击和失望的压力下崩塌。潘恩通过他超凡的传播能力,让新共和主义世界的观念得到众人的喜爱,而这个观念是独裁主义势力所不能抹灭的。是他预兆了古老世袭君主制度的灭亡,是他开启了全新政治理论和自由的篇章,是他抓住了千千万万人民的心。

潘恩在这期间所产生的影响力毫无疑问地论证了传播的能力是天才密码最为重要的特征之一——即使不是最为重要的。很多人可能都拥有极大的美德,但如果不能够清晰地、具有说服力地将自己的观点传达给他人,那么巨大的影响力就不可能产生。

你能够想象如果牛顿不向我们认证他的《牛顿定律》,世界会变成怎样吗?如果达尔文向宗教迫害和社会不敬屈服,不公开《人类起源》,世界会变成怎样呢?如果哥白尼没能够在《天体运行论》中用无法反驳的证据和推理来抵抗宗教教条,世界会变成怎样呢?

事实上,我们的世界已经被塑造了,也将继续被塑造,由那些拥有勇气和传播能力,不遗余力传递真理、激进的启示和开化的改革之人,从而对抗压迫和腐败,丰富我们对自我、对他人和对宇宙本身的理解、控制和喜爱。这种传播塑造了我们的心理、道德、技术和美学遗产,也需要我们和之后的每一代人传承下去。因此,最早的伟大人类文明——苏美尔人最早建立系统的文字语言,并涌现、传播、融合了多种观点和文化，这绝不是单纯的巧合。

所以，怎样才能成为一个具有说服力的传播者呢？既然我们已经从潘恩身上学到了很多，那让我们继续看看其他大师的故事。

亚里士多德说服力的秘密

2000 多年以前，亚里士多德写到三种基本的说服他人的方法。他的“公式”非常精确、有效，仍然沿用至今，作为拉票、劝服购买和猜测他人想法的方法。亚里士多德说，想要说服他人，你的观点必须具有有效性，需要使用三种吸引方法：人格、情感和逻辑。

ETHOS 人格

ETHOS 在希腊语中是“人格”的意思。对语言来说，亚里士多德认为人格代表了演讲者和作者观点的可信度和公信力。他说人格决定了观众的第一印象。当你展示出自己拥有很好的教养、高尚的品格、是专家或者权威人士，那么你很快就会赢得观众的接受，就如同潘恩在写《常识》和《人权》时期一样。

很多广告都让流行明星以说这句话为开头：“我不是医生，但我在电视里饰演一位医生”，这句话被用来推广各种各样的产品，从威克斯止咳糖浆到无咖啡因咖啡，再到香烟，你可能认为这种俗气的表现人格的方式没有用，但试想一想，这些广告都取得了巨大的成功，播放了近 10 年。

研究表明，我们的文化很大程度上都非常注重区分权威，人们往往想要得到拥有权威符号之人的建议和规定，比如医生的白大褂，类似“教授”之类的抬头、时尚的外套，甚至是身高。骗子往往深谙此道，执着地研究如何塑造人格。

他们往往说话彬彬有礼，衣着无可挑剔，开着显眼的车子，甚至穿着增高鞋，只为了在他们的受害者之间获得一时的地位和权威。

借鉴科学和历史总是最强大的说服手段，也能够被利用来建立一种专家的形象。通过在你的表达中穿插科学、历史知识，或者两者兼备，你不仅能够增加信息本身的可信度和权威度，还能够在他们心中创造一种睿智、有教养的形象，拥有大部分人所缺乏的智慧。正式的写作需要丰富的引用和参考文献以论证学术的可信度；而这对于非正式写作也有一定的帮助。

另一种创造正面人格的有效方法就是塑造一种相似的新感觉。我们总是偏爱与我们志同道合的人，拥有类似的观点、特点、背景、经历和生活方式等。人类行为研究显示这种相似性具有强大的力量。其中一项研究显示，比起穿着风格差异较大的人群，人们往往会去帮助那些穿着风格与之类似的人。另一项研究表明，人们不仅更易同意那些穿着相似之人的请愿书，甚至有时在没有阅读请愿书的情况下就予以通过。

潘恩很巧妙地利用了外貌相似性的特点，以一种其同僚们无法完成的方式塑造了人格。美国大革命的领袖大部分都是在哈佛、普林斯顿大学受过高等教育，他们无法代表普通群众表达出他们所遭受的困境。但是潘恩，他生活在英国社会的底层，他就可以。他所表达的理想和不公正境况是与那些优雅的朋友们如出一辙的，但是他的表达方式更为激进、充满愤怒，也只有一个真真正正的普通人才能够以这种方式淋漓尽致地表现。于是，工人阶层间的民主革命远远超出了革命领导人的想象。

像选词、行文风格、说话风格等微妙技巧也能够用来塑造人格。很多具有影响力的作者和演说家在选词上往往十分审慎，因为他们想要创造一种具有深刻见解的智慧和决绝的自信，同时又抱有谦卑和利他主义之心，带有自嘲的幽默感，使人信服和接纳。当他们的观众在发表意见时，他们的表达也会变得尤其小心翼翼。潘恩因为他粗糙的、谩骂的语言而臭名昭著，就像一个资本家在批判英国人。

PATHOS 情感

Pathos 在希腊语中是指“遭遇”和“经历”。对经历的吸引力正是对情感的吸引力。几个世纪以来很多雄辩家都认为情感是三种吸引力中最为强大的，这也解释了为什么当今很多政治演说和广告都旨在从情感上让人们动容。

大部分人都希望自己生活中的每一个决定都是理智的，也想要遵照这种理智来行动。但就连亚里士多德都深知，愤怒、惋惜、恐惧、快乐、爱慕和无畏这类的情感将会不可避免地、彻底地、潜移默化地对我们的判断产生影响。

只依赖冰冷逻辑的言论常常会输给轻逻辑而重情感的言论。历史上的事例举不胜举：历史上有多少人被民众领袖煽动加入战争？有多少独裁者通过唤起人们内心的恐惧和憎恶来获得权力？

情感，比人格和逻辑更有力地解释了潘恩空前的支持度。亚里士多德说过，如果我们想让观众愤怒，我们必须先了解他们的心理状态，他们愤怒的人是谁，为什么这些人让他们愤怒。潘恩明确地了解为什么美国殖民民众与英国势不两立，然而他在文字中巧妙地将两者之间的怒火燃爆。

亚里士多德说，唤起人类情感的最有效方式之一就是故事。从最远古的时代起，讲故事就已经出现了，它也是记录历史事件的起源方式。没有什么能够比故事更能够以轻易的方式和深刻的影响，唤起并改变我们了。故事潜移默化地让我们放下质疑的盾牌，改变了我们的信念和价值观，有时我们甚至对此毫无察觉，这一切是多么神奇。

哈佛商业评论曾写道："忘记 PPT 和数据，想要从最深层次的地方影响人类，你需要故事。"

通过在你的表达中加入各种故事——自己的故事、他人的故事，甚至虚构的故事，你便会很容易侵入听众的大脑，虏获他们的内心。故事也能够被用来激励员工，教育孩子，建立拥护者，或者正如潘恩用粗糙的英语所讲述的生动故事一样，改变世界。

LOGOS 逻辑

Logos 在希腊语中是“词语”的意思。亚里士多德用 logos 来指沟通过程中论证的清晰度和逻辑性。

人们往往把过多的重点放在逻辑能力上。逻辑的感染力是说服性沟通的基本支柱，并且是支撑任意立场观点的中心。亚里士多德告诉了我们逻辑思维的两种基本手段：归纳法和演绎法。

归纳是论证的一种方式，是一种基于观察所形成的的结论或普遍规律。换而言之，通过给出一系列相似的事件，并从中得出一个共同的主题。这是科学方法的心脏。与之相对的，演绎法是一种基于假设所形成的结论或规律。

苏格拉底著名的三段论就是演绎式论证的例子：“所有人都终有一死；苏格拉底是一个人；因此苏格拉底也终有一死。”

归纳式论证从个体推向总体，而演绎式论证从整体推向个体。两种方法各有其用处和缺陷。

比如，14 世纪时，黑死病吞噬了大部分欧洲和一部分亚洲地区，在不到 20 年的时间里使四分之三的人口致死，“疾病是如何传播的”变成了一个迫在眉睫的秘密。有消息传来，在高发病率的各个地区街头，都能看到成群的流浪猫。

通过错误的归纳式论证，人们便以为黑死病都是通过猫来传染的，所以显而易见的解决方式就是消灭所有猫。因此，人们只要一见到猫便开始屠杀。然而，事实上黑死病是通过老鼠身上的跳蚤来传播的，但由于猫能抓老鼠，大量屠杀猫反而增加了老鼠的数量，这就增加了易传染的跳蚤数量，从而加剧了黑死病的传播速度。前提的不恰当性会导致错误的结论，这是归纳式论证中的一种常见错误。

因此，归纳论证其结论的合理性取决于前提条件的合理性和论证本身的形式。如果前提或形式都是错误的，那么结论也是错误的。

如果我说所有的狗都有跳蚤，这是一只狗，所以它也有跳蚤，从形式上来说，此论证是有效的。从前提条件来说，这个结论好像没有任何其他的说法，但事实并非如此。即使我说已经看到了10 000条狗，且每条狗都有跳蚤，因此我推论这个前提为所有的狗都有跳蚤，但我的结论也只是一种预测和猜想。可能第10 001条狗身上就没有跳蚤。除非将世界上所有的狗都检查一遍，不然我怎么能够确认呢?

当结论中的某一元素是全新的，且与前提条件中的元素是完全独立时，演绎论证的形式并不合理。如果我说所有有生命的生物都有基因密码因此所有生物都具有基因关联性，那么我的结论推理出了很多元素，但这些元素并未包含在前提条件中。证明所有生物都具有基因关联性的证据需要一种完全不同的推理线。基于相同前提条件的有效论证应当是这样的："所有生物都具有基因密码，这是一种生物，因此，该生物具有基因密码。"

所以，传达观点时要注意论证的正确逻辑。使用广泛认可的事实和数据来支撑你的推断，注意不要超越前提条件进行推论。要确保你的演绎结论是通过前提条件产生的必然结果。结论一旦得出，你就要相信自己的前提条件和结论。逻辑是用来帮助你提炼观察、思想和表达的，不是用纠缠不休的质疑来困扰你，让你满脑都是“如果……怎么办……”

潘恩的人生告诉我们单纯用强大的能力去说服别人，这一点是不够的。如果潘恩能够意识到沟通的另一个必要课程，他被人铭记的方式与现在就会大大不同了。

伽利略不仅批判了地心说本质上的僵化教条，还为这个世界呈现了一种全新的方式去理解宇宙和我们在宇宙中的位置，并不遗余力地去证明自己的观点、传播自己的观点。爱因斯坦后来称他为现代科学之父。

巴斯德加入了否定自然发生论的行列（自然发生论是指细胞以一种神奇的方式从无机质中形成）。不仅如此，他还通过富有创意的实验证明发酵是由微生物引起的，这使他前去调查动物和人类的疾病是否也是如此。因此，细菌理论最终被论证和接受，医学被彻底改变了。

潘恩人生中的起起伏伏也能够论证这一点。诚然，他反对君主制的小册子无情地抨击了整个社会和政治系统的腐坏。但他的文字还提供了一种现有制度的切实可行的替代品，及历史的平等和自由。他并没有破坏整个世界，而是掀起了人道主义信念和尊崇的又一波浪潮。

然而，潘恩反宗教的表现方式就不尽相同了。他不仅攻击了一种根深蒂固的社会风俗，而且在很多人的眼中，他还诋毁了存在本身的核心。

真正的天才不仅仅拥有辨认、质疑和否认不符合逻辑的、迷信的、非正义的、不道德的事物，还需要拥有让别人信服的能力，去传递具有更高价值的全新的显示。“有心帮助的人，才有批判的权利”，亚伯拉罕·林肯如此写道。

请记住潘恩给我们上的这一课。传播的能力，比任何其他的事物更能够决定你在成功的旅程中走多远，以及谁会跟你一起走。积极地、理性地利用你的传播能力，你的事业就会变成许多人的事业。然而，以非明智的方式使用传播能力，它就可能成为摧毁你自己的武器。

12

保持乐观·度过考验灵魂的时刻

“民之从事，常于几成而败之。慎终如始，则无败事。”

——老子

所有成功的求索都需要主人公在最脆弱的时候保有最强大的力量。当希望尽失，英雄惧怕陷于困境，意志力消亡之时他必须直面困境，继续站起来，否则就将被彻底打败。

古以色列人想要从腓力斯人的统治中解放出来，双方军队正面交锋。持续了40天后，野蛮的腓力斯战士歌利亚让以古色列人感到恐惧，他以嘲笑、挑战、屠杀的方式一个又一个徒手杀死未经训练的古以色列士兵。国王索尔和他的战士在强大的对手面前怕得发抖。但当时有一位名叫大卫的十几岁少年，他自愿与歌利亚交战。索尔试图阻止这位少年不要为了与蛮人进行不可能胜利的打斗，牺牲了自己的生命，但是大卫确信神将带领他赢得胜利。大卫捡起五块石头，抓起他的放羊杖和挂带，向前进发，很多人认为他是在送死。歌利亚呐喊着侮辱的话语，嘲笑弱小的大卫，保证自己将把他扔给猛兽当食物。大卫则是带着他的信念前来：将这个辱骂者斩首。歌利亚骂够了，走近后准备开始战斗。大卫毫不惧怕，他冲向这个巨大的对手，将一块石头放在挂带上，直接将其射到这个巨人身上。这块石头直直地落到歌利亚的前额上。腓力斯战士陷入一片寂静，因为他们的英雄被绊倒，跌倒在地。他们意识到自己无法与拥有神力的军队抵抗，便落荒而逃。因此，这场战争在没有开始前就结束了。

桑德斯已经 65 岁了。他的餐厅倒闭了，自己也破产了，但他还有一个翻身的机会。20 多年以来，他的炸鸡技术堪称完美，甚至赢得了整个州的“肯塔基上校”荣誉——作为一个老当益壮的南部绅士，拥有优雅、迷人和高超的厨艺。他游遍了整个州，住在车里，恳求那些破败的餐厅用一笔小小的佣金来使用自己的炸鸡配方——每只鸡收取 5 美分。他经历了 1 000 次尝试之后终于迎来了第一次销售。精神焕发的桑德斯继续推销自己的配方，终于找到了又一批买家。10 年之后，他的肯德基炸鸡（KFC）销售额超过 200 万美元，并在之后的生活中不断地收取加盟费和形象使用费。

乐观主义是天才对于信念的试验密码。当所有人都告诉你不行的时候，你能够相信你自己、你的观点、你的决定、你的能力吗？

当你正面临这最可怕的恐惧和困境时，你能够坚定自己的立场吗？当世界充满了绝望和混乱时，你还能抱有希望吗？

有这么一个天才，他背负着整个美国独立战争，面临着以上的这些挑战。所有的困难都在阻碍这位爱国者和他受了重创的军队，他毫不动摇的乐观主义精神，正使他以及美国能够赢得最后的生存机会。

1776 年的圣诞节，乔治 · 华盛顿上将的军队郁郁寡欢。

美国独立战争刚开始的前四个月不尽如人意。陆军经历了一系列的攻击，伤痕累累，军队的士兵数量缩减至 5 000 人，其中超过 3 000 人征兵服役期就要到期了。很多人都没有续征的意愿，部队甚至开始大规模撤离。

尽管当时士气低落，华盛顿知道一次胜利就足够能让这些殖民地居民重整旗鼓，驱逐英国人。他仔细地思考不同的进攻方式，因为再多一次战败就会终结整场战争。他的行动计划在新泽西州特伦顿市的圣诞夜，那里被 1 400 名准备充分的敌军战士所占领。这场计划的行动密码：胜或死。

华盛顿安排了 20 艘大船驶向特伦顿。船只需要运送整个军队穿过冰冷的特拉华河，以便在黑森州展出人意料的突袭行动，占领城市。华盛顿希望自己能够看到敌军的官员因为前一晚的排队而疲惫不堪的画面。

这次行动非常危险，华盛顿带领的美国陆军的主力军进行埋伏，他们是美国独立战争的灵魂。虽然他在人数上有优势，但是他的军队因为战败，以及缺少供给品和食物而士气低落，再加上战斗开始之前他们需要征服特拉华河。这条河水流湍急，其中夹杂着冰块，很多士兵都不会游泳。这就需要依靠有航海经验的海员们带领他们横渡这条危险的河流，这对计划是否能成功极为重要。

圣诞夜突袭计划的早晨，华盛顿命令军队准备三天的食物，60发军火弹药，以及全新的打火石。在一下午的行军之后，上万名士兵前往指定的集合点。华盛顿将带领第一批军队 2 000 多人横渡大河，另两支小分队将在不同的地点穿越河流。

日落后，船只起航，开始了艰险的旅程。不久，天气开始变得越来越糟。气温跌破冰点以下，一开始的蒙蒙细雨变为冰雹再到漫天大雪，有一位士兵形容大风就像飓风一般。不可思议的是，华盛顿和他的军队在经历了近 9 小时不停的划船后，安全地抵达了岸边，立刻形成了一条防御线，没有人能够通过这条防御线，而鉴别是否是我军战士的密码，则是熟悉的“胜或死”。

另两队的渡河就没有那么顺利了。恶劣的天气和巨大的冰块阻挡了前进的路线，但这也只是即将到来的挑战的开始。登陆比预计时间晚了3小时，凌晨4时，华盛顿得知超过半数的突击队员，也就是100多名士兵不得不在渡河过程中折返。这是本次任务最关键的时刻，因为部队得知他们现在仅有一半的兵力，绝望的声音很快就传播开。华盛顿对士兵的惧怕表示理解，但是在他脑中，除了胜利就没有其他选择。中途放弃将会打压士气，独立战争也将面临失败。唯一的解决办法就是打败他前方的海森军队，华盛顿知道凭借意志力他的军队能够做得到。

他召集军队，殷切地承诺虽然人数削减，但这场突然袭击仍然会取得胜利。于是，华盛顿便带领他的先锋部队冒着刺骨的冰雹和雨水，向特兰顿进发。很多士兵甚至没有鞋子，行进了近15公里，在到达海森军营的路上留下了斑斑血迹。

火药因为暴露在暴风雨中而损坏，华盛顿告知上校沙利文，如果必要的话他们只能依靠刺刀了。他说："我是下定决心拿下特兰顿"，不计任何代价，包括他的生命。

当华盛顿到达距特兰顿3公里的地方时，他们遇到了一支穿着红色军装的50人的美国军队，这支军队刚刚偷袭了海森附近的前哨基地。这支部队并不知道他们的突袭计划，敌前哨基地被袭后，海森军队很有可能正在准备一场大规模的进攻。又一次，华盛顿面临着重要选择：暂时撤退，还是冒着整个独立战争失败的风险继续执行原计划，就算之后会遇上更为复杂的情况，仍然按照原计划进行。他的乐观主义精神没有动摇——如果丧失了突然袭击的优势，还能够用单纯的勇猛进攻来弥补，可能好运气会出现，谁知道呢。

讽刺的是，这次偷袭，运气站在了美国这边。一天之前，海森指挥官拉尔从一个美国逃兵那里得知了华盛顿要渡河的计划。拉尔公开驳回这个消息为谣言，并以为在圣诞夜的那场前哨基地的突袭正是他所提防的，于是松懈了防御。

糟糕的天气实际上为埋伏创造了最佳机会，因为海森军由于天气原因没有派出巡逻兵。而且，由于拉尔认为没有必要，海森军并没有在城市里建立起任何的防御要塞，尽管几天前他曾被如此建议。

有些人认为这次的进攻是额外的礼物，但有趣的是，乐观主义往往能够带来好运。爱默生说“浅薄的人要么相信运气，要么相信环境”，而强大的人“相信因和果”。如果华盛顿垂头丧气地带着军队进行他认为是必死无疑的进攻，环境还会如此配合他的计划吗？我不相信。乐观能够创造运气，但反之则不成立。

早上 8 点左右，美国军队到达了海森军在特兰顿的第一个军营。华盛顿带头发起攻击，骑马冲在所有士兵的前面。他们让海森军大吃一惊。这场战斗开始了，华盛顿很快号令一支队伍封锁住逃往普林斯顿的路线，并指挥上校包围敌军。海森军试图进行抵御，但是进攻调配万无一失，他们很快就被包抄并被制伏。

一条街紧接一条街，美国军队步步紧逼让海森军不断后退，同时还捕获了大炮和士兵。拉尔决定用分队的战术来攻击美国军队阵型，打破华盛顿的阵列以确保他在高地上的优势。华盛顿侦破了他的计划，召集士兵与敌军正面交锋。三名美国军队成员在远方牢固的位置向海森军开火，于是他们很快就在交战中被制伏。

海森军渐渐溃败，华盛顿军呐喊着“冲啊，我的士兵们，跟着我！”拉尔身受重伤后，他的军队开始四散开，后部防御阵型被破坏，士兵很快就投降了，100 多海森士兵被杀，900 人被捕。华盛顿军在此战争中的死亡人数为零，只有 4 名士兵受伤。

这是华盛顿带领的陆军在美国独立战争中获得的第一场胜利，其产生了深远的影响力。这次的胜利为军队带来了急需的自信和乐观，证明了士兵们有能力进行战斗，并且能够打败看似可怕的战无不胜的敌人。但是这次强有力的突破，并不足以弥补连月以来低落的士气。军队仍旧在解体边缘，很多士兵仍然想着还有几天，服役到期后便放下他们的武器，回归家庭。

12 月 30 日，5 000 多名红衣战士站在他的门前，准备着一次强有力的反击，华盛顿在所有士兵的最前面呐喊道：“我勇敢的战士们，你们已经做到了我所要求的一切，比我能够想象得都要做的好；但是你的祖国正在危机关头，你的妻子、你的房屋、你所珍视的一切都在利害攸关的时刻。你们可能已经受够了劳累和困境，但我们不知道没有你们该怎么办。你们可愿意继续留下 1 个月的时间，为了自由的事业，为了整个国家？要知道今后你可能再也没有机会做这样的事了。”一开始，没有一个人愿意留下来战斗，但后来有一名士兵向前踏了一步。之后又一位向前走了一步，一个接一个，很快，士兵们都纷纷向前踏步。最终，只有极少数人拒绝继续加入战斗。

华盛顿在接下来的10天内很好地利用了他的军队，带领他们赢得了接连三次胜利，最终将一整支英国军队逐出新泽西州。于是，士兵之间的自信心大规模建立起来，新征收的士兵也开始涌入队伍中。独立战争被挽救下来。

华盛顿在士兵们最需要的时候，将他的希望和乐观主义传递给他们，并且不断地这么做，最终带领这支美国陆军在对抗英国军队的战斗中大获全胜。他的乐观主义和振奋他人的能力十分有趣，华盛顿不像亚当·杰弗逊，也不像弗兰克林，华盛顿并不是一个富有学识的人；他是一个拥有很多经历的人。根据杰弗逊的说法，华盛顿“既没有丰富的思维，也没有流利的语言”，他是一个实用主义的男人，常常沉默寡言，但他却经常能做出戏剧化的行动。他内心的活力产生了一种具有传染性的乐观主义精神，这是单纯的言语，无论是多么辛酸的言语都无法匹敌的，因为乐观主义需要希望，希望需要激励，而没有什么激励比位于前方的领头人、楷模更为有用。

在对华盛顿性格的最终考验中，华盛顿连任两届总统之后终于退下，俯瞰这个强大的、拥有雄厚财力的政府，赢得了全新共和国民众的接纳和信心。尽管许多同僚和选民都想让他成为“一生的总统”——也就是，拥有完全专制的权力，华盛顿怀着感恩之心拒绝了这个可以为他带来无穷财富和影响力的邀请。

他知道这种任命形式会使美国失去了共和国的本质，失去宪法的效力，而且他对于在新一任领导人的带领下的政府和国家保持着乐观的态度，所以他选择从总统退位，过上安静的生活。

国会成员亨利·李在美国独立战争时就跟随华盛顿，曾经在华盛顿的葬礼上描述他是一个“以战争为首要，以和平为首要，以他的国民为首要”的人。华盛顿死后，拿破仑在法国举行了为期 10 天的哀悼。上万名美国人好几个月都穿着丧服，以示哀悼。

但丁在《神曲》描述的地狱之门，教会了“所有进入这里的人抛弃希望”。而逃离磨砺的唯一方法就是点燃乐观主义的希望之光。就如华盛顿，和其他这本书中介绍到的天才一样，只有在不屈不挠的行动面前灯光才会亮起。如果我们停止去质疑，停止好奇，停止思考，这火焰就会火去，我们的乐观主义精神也将被磨灭。

海伦·凯勒说过，乐观主义是“通往成功的信念”，是“没有希望和自信就无法成形的东西”。华盛顿在特兰顿不可思议的成功是这种信念最直接的例子，也证明了乐观主义在通往成功旅途中的重要角色。

乐观主义陪伴很多天才度过长时间的夜晚，经历苦涩的批判，忍受无数次失败，经受在大众观点之外的孤独感。战争结束后，华盛顿已经成为了一个丰碑，成为了很多人都望尘莫及的人物。

那么像华盛顿这样的人，他的秘诀是什么呢？他们是如何能够抱有希望的心，并坚持自己的理想和信念，最终成功逾越各种试炼和灾难呢？

好吧，为了更好地理解乐观主义，让我们先来了解乐观主义的对立面——悲观主义，它将教会我们如何看待我们自己、我们的事业，以及我们周围的世界。

对悲观的产业保持悲观之心

年复一年，悲观主义的产业日渐壮大。

马尔萨斯在1798年发表的有关前景黯淡的论文《人口原理》中，悲观主义的意义被深化至最高点，在文章中，他预言所有的人类都将灭绝，因为人口最终会扩张到食物不能供给。他认为这个悲剧将会发生在100年之内。因此，很多“马尔萨斯主义者”非常欢迎农民和流行病，因为他们认为人口将会自行纠正。

直至今日，马尔萨斯人口论是很多当代悲观主义产业的基础和灵感。《人口爆炸》的作者（埃里希）曾在1968年预言，亿万人口在20世纪70年代将会因为饥荒而死去，人均寿命将在20世纪 80 年代暴跌。然而，他的预言并没有成真。后来，臭名昭著的罗马俱乐部在 1972 年报道，我们会在 20 世纪 90 年代用尽所有的原材料。可预言又一次出错。这些有关灭绝的预言家都认为人类就如羊群，只会盯着草原直到草原消失。我们人类应该比羊聪明些吧。

事实上，绝望总是源源不断的。庆幸的是，更多时候，现实总是比宿命论者让我们相信美好。你可能会认为最终我们会厌倦了宿命论者。但很遗憾，我们不会。

可口可乐前总裁唐·基奥在他的书《可乐教父的成败十诫》中写道，我们需要一直对悲观产业保持悲观态度。把新闻关掉，停止关注失败。一个小小的观念转变，或是态度转变，你所看到的世界就会焕然一新。我们的未来会是怎样的，这与我们相信它会变成怎样息息相关。千万不要低估了自我预言的力量。当有足够的人去相信某件事情会按照某种方式进行，他们的行为就会匹配这种相信，而结果也一定会是那样。因此，去想象并分享美好的、可信的、可达成的理想十分重要，因为这也为让人们去相信你的理想，然后着手开始将这个理想实现成真。

有时，你必须依靠自己的希望和决心坚持下来。正如华盛顿在特兰顿胜利之前所遭遇的，他的军队已经如一盘散沙。身经百战的敌人人多势众，又善于队形变化，占据了天时地利。老实说，当时独立战争正处在谷底，也正如很多人所说的，无法挽救。要不是华盛顿，他们的预言可能就会成真。

这里就有一种最危险的、悲观的绝望，你会在每天早晚的新闻里找到它。他们是希望渺茫的形象大使，不知疲倦地说服人们未来是充满了悲伤、失望、不幸和压迫的残酷预兆。如果人们经常被这种思想所侵占，那他们就会开始相信这种思想，并影响到他们的言行。最终，收获他们稀里糊涂种下的果子。

如果你相信恐怖分子，那么对你来说就永远不存在行动的好时机。所有的事情都是错误的。在商业模式中总有漏洞存在，在平静的表面之下一定暗藏危险，伺机吞噬你的一切。但是当你开始相信自己与生俱来的创造力和丰富的思维时，也就是如果你开始认可内心里的那个天才时，每个时机都是开始行动的好时机。

华盛顿勇敢地穿越特拉华河，伏击海森军队的行为可能会以任何一种方式失败，但是他从未想到失败。他所做的是专心于如何让自己的计划得以实施，如何才能排除困难并取得成功。

在我们对于未来保持积极态度之前，我们必须对悲观产业保持悲观态度。然而，天才们的乐观主义可不止于此，还有人类经常提问的最基本的问题。

古老的智慧一直认为所有的人类活动只是游戏。如爱因斯坦所说，我们生来进入这个伟大的谜团中，我们开始相爱、相恨，开始创造、破坏、成功、失败。这里存在着有关乐观主义的最大秘密：我们如何处理人生的变迁。

你的成功之旅航行得越远，你需要跨越的障碍就越大。乐观的人能够认识到这一点，每当遇到困难时，无论多大的困难，都怀抱着一个同等活力的心。丘吉尔说过，一个悲观主义者“在机遇中看到困难”，而“乐观主义者在困难中看到机遇”。然而悲观主义不止于此。对每一个难题都抱以绝望态度的人对这个问题存在一个基本的误解：困难对人类意味着什么。

现代文明对人的生理、心理、社会的慰藉已经弱化了生命的实质：一个永不停止的竞争和选择的游戏。只有那些适合这个游戏并生存下来的人才能掌控游戏。因此，社会的动乱是与生俱来且无法避免的。浪漫主义观点认为通往成功的旅途能够依靠甜言蜜语、甜美的微笑从而走上捷径，这是无稽之谈。只有最坚韧的人才能在严厉的环境中生存下来，而且他们的时间有限。

对那些试图去更改胜利规则、逃避骚动而制定的经济、政治和社会设施，大自然对此一笑置之。很快，这些将生活压力转嫁到其他事物身上的企图终究会失败。单纯依靠集体努力来获取个人生存机会的人类终究会发现自己无依无靠，并很块就会失败。

正如我们看到的，像华盛顿这样的人将自己浸泡在不断斗争的环境中，就像我们的祖先必须要追逐、战斗并相互厮杀以求生存。

他们对困境抱有期待，他们愿意面对最糟糕的状况，他们相信整个宇宙，归根结底，拥有我们无法理解的极为平衡的混沌之力。如果我们想要开启旅程，我们也要成为一种自然的力量。而积极的想法和信念是乐观主义的缪斯，但是没有了行动的支撑，这些灵感也会慢慢流走。

13

加入天才行列的邀请函

“只有人才能思考，从而能为社会创造新价值，不仅如此，甚至还能建立起那些为公共生活所遵守的新的道德标准。”

——阿尔伯特·爱因斯坦

正是因为那些天才，你才能在每天醒来时用清水清洁你的牙齿，摆弄你的咖啡机，启动你的手提电脑。

正是因为那些天才，你才不会成为奴隶，也不会成为疯狂的或是无能的政治寡头下的一个无助的个体，而是一个能够自由追逐的幸福的、有主权的个体。

正是因为那些天才，你才有跳舞的旋律，才有喜爱的故事，才有欣赏的画作，才有惊叹的建筑。

当你在一早离开家时，你就已经从千千万万个天才身上受益。

你生活的世界是由天才们建立和维护的，你珍视的每一个文化片断都与天才有着千丝万缕的联系，你对于未来世界的每一个希望，都是天才们会继续努力争取实现的目标。

这个世界急需更多的天才，而不是聪明的旁观者，也不是在暗中低声抱怨的、懒散的批判家。人类面临的问题日益复杂和危险，我们也愈发频繁地意识到社会、经济和宗教力量的平衡性变得不堪一击。

通往天才的道路绝不是像主流的文化所传达的那样平常和容易。如果我们遵循流行的潮流生活，我们可能会对现在的工作产生厌恶，想要尽可能地消除困境，崇尚华丽的事物和名人的生活，逃离现实生活，只想与无意义的娱乐活动相伴。日复一日，努力摆脱我们身上的责任重担，对生活、对朋友、对国家、对人类，以及对我们地球的责任。

尽管聪明的人往往能够提出引人注目的观点，说服你为什么要跳入某个陷阱，虽然你内心深知这是一个谎言。若你知道说服别人以梦游的状态浑浑噩噩地生活、被卷入流行文化、不对任何事物产生任何影响力、否决人们的能力、否决人们能够变得与众不同的权利，这些都是赤裸裸地破坏人类文明的行为。那就请你不要陷入这个陷阱。“总有一天你最终能够知道你不得不去做的事情，并且开始做这些事情，尽管周遭的声音还在不断地提出坏点子，”这是普利策奖获得者诗人玛丽·奥利弗曾描述的方法，让我们远离世俗观点，朝生活深层的目的性和关联性走去。

如果你不赞成现在人类的一些倾向，你可以做一些改变性的事情。如果你坚定地想要对我们的文化产生影响，在文化中留下文字“我曾在这里停留”，那么没有什么可以阻挡你的步伐，除了你自己。“如果你以这样的方式看待生活：为什么我看不到任何可以给我制造麻烦的事物，我找不到生活里的任何障碍。我将自己的见解让越来越多的人知道，我越来越深入地去思考自己的见解，尽最大的努力去实现我的目标，我仍然看不到任何障碍，那么你永远就不会有障碍了。”这是罗恩·哈伯德所说。

成为天才的第一步就是确定自己想要付诸努力成为天才。这是一个艰难的决定，而且讽刺的是，决定的瞬间也是你成为天才的一刻。这个决定需要勇气、保持自我、对自己诚实、报以乐观的态度，以及冲破“现在你应该做这件事”的社会镣铐，加入那些独立思考、追求崇高理想、将人类持续生存的责任担在自己肩上的人群。请不要犯下错误——如果人类以目前任何一种严峻的形式不断地消亡，那一定是因为我们的天才数量太少，处于过度边缘化的位置，组织也太过杂乱无章。

过去 10 000 年间的历史记录清晰地证明了没有什么可以确保人类的持续生存，无论个人还是群体。生物学家珍妮曾经说过，“是生命自己创造了有利于生命的环境。”历史充斥着两方的抗争，一方是那些追求支配和毁灭的疯子的欲望，另一方是追求解放和发展的天才的创造力。

历史上每一位天才都显示出了他们超越时间、空间和种族的力量。他们形成一个团体，不但影响了人类的历程，也像梭子一样，用一针一线编织起了未来的想象。你通往成功的道路是与历史上伟大的人类所走过的旅程相呼应的。所有的英雄必须远离这个已知的、舒适的世界，接受来自冒险的召唤、经受试炼、获取智慧、克服诱惑、赢得盟友，并怀着坚定的决心和巨大的勇气，在他们自己的生命中，以及他人的生命中，创造出深层次的、超越死亡的意义。天才密码将会告诉你怎样在伟大的旅程中前行，你的旅程一旦体现出天才密码的力量，就证明你做到了。

每个人都可以加入这个行列，但是这个行列没有“招聘专员”和“豪华轿车”接待；没有盛大的启动仪式，但是你的内心会知道你何时加入了这个行列。这个行列对于财富和名声毫不在意，他们将他人所难以理解的自豪感、目的性、自我价值放在高于一切的位置。这个行列不会强加于人任何规定，你的资质也会通过长期对人类付出的贡献以及努力进行提升。

所以，天才的行列是你的正确选择吗？先来问问自己以下的问题吧。

你是谁，他人可以从你身上得到怎样的帮助？

你能做什么，发挥你的能力世界会产生怎样的改变呢？

为什么要加入天才的行列？你可以创造哪些他人无法完成、不会去完成的事情?

如果你对以上的问题没有确定的答案，也不用担心。大部分人都与你类似。但是如果这些问题在你的内心激起了好奇的火花，那就为自己注入能量，去探索问题的真正意义和重要性。

成为一个天才，为通往成功而努力，让世界感知你的存在。

不管以上的问题会将你带入哪一条道路，你都将不可避免地到达一个能够实现自我价值，把竭力为世界付诸努力化为巨大价值的地点。如果你担心自己无法成功，或认为这条路太过艰难，那就想想以下几个方面：你的大脑，在最枯燥的时光里，都保持着莫名的动力，超越了任何我们所希望的。你的身体，在我们自身不常察觉的情况下，不可思议地以和谐统一的方式支配着万亿细胞及其不计其数的活动，同时还能够充满活力和精确度地进行运作。而你，拥有着观察的能力、推理的能力、行动的能力，是已知宇宙中最具有感知力的生命体。通过这种方式来理解，其实你已经具有天才的本质了。但是，你会将天才的精神注入每一个细胞中，嵌入每一个人的灵魂中吗？你能够感受到活着的真正意义吗？在旅程开始之前，你无须变得更聪明，也不需要找出踏上旅程所需的才能和机会。世界上没有所谓残酷的或是盛大的命运，只有你想创造的东西。

爱因斯坦曾经说过，你可以活在没有奇迹的世界，也可以活在充满奇迹的世界。我相信你和我存在于这个世界上就已经是无法想象的奇迹了，你可以阅读本书这些文字、理解它们的意思并思考内在的意义，这些也都是奇迹。

你知道吗，恒星、行星和银河系只组成了宇宙的 4%，而剩余的 96% 都是宇航员们无法看到、无法检测到甚至无法理解的，所以你生来就是一个奇迹，这点很显然，也毋庸置疑，同时无法逃避。

你受托于宇宙中最为简单、最为强大、最为神奇的天才——创造有利于人类生存环境的天才。我相信这个天才本身也承担着他与生俱来的使命。你呢？你会这样做吗？

关于作者

肖恩·帕特里克，30岁，佛罗里达州人，是一位父亲、丈夫、作家、企业家、轻微失衡者、“无可救药”的乐观主义者，沉迷于搞制作、讲故事、健身和教育。

帕特里克是奥克勒斯出版社的创办者，致力于通过美好的故事抒发观点，以此启发、娱乐、激励读者。

帕特里克不写作或做东西的时候，你总是可以在健身房里看到他在进行承重练习，或是正在他那些永无尽头的“待办事项清单”中又划去一项，也或许正在扮演傻瓜逗儿子开心……又或许他正在以第三人称涂写着什么。

图书在版编目（CIP）数据

唤醒沉睡的大脑 / (美) 肖恩·帕特里克 (Sean Patrick) 著 ; 李欢欢译. -- 北京 : 人民邮电出版社, 2017.11
ISBN 978-7-115-45756-1

Ⅰ. ①唤… Ⅱ. ①肖… ②李… Ⅲ. ①成功心理－通俗读物 Ⅳ. ①B848.4-49

中国版本图书馆CIP数据核字(2017)第153432号

◆ 著　[美]肖恩·帕特里克（Sean Patrick）
译　李欢欢
责任编辑　毕　颖
责任印制　陈　犇

◆ 人民邮电出版社出版发行　北京市丰台区成寿寺路 11 号
邮编　100164　电子邮件　315@ptpress.com.cn
网址　http://www.ptpress.com.cn
北京隆昌伟业印刷有限公司印刷

◆ 开本：880×1230　1/32
印张：8.875　2017 年 11 月第 1 版
字数：148 千字　2017 年 11 月北京第 1 次印刷
著作权合同登记号　图字：01-2016-6524 号

定价：48.00 元

读者服务热线：(010) 81055410　印装质量热线：(010) 81055316
反盗版热线：(010) 81055315
广告经营许可证：京东工商广登字 20170147 号